Einleitung

Dem Streben möglichster Vereinfachung wird dadurch Rechnung getragen, daß die vielen, dem Schüler fremden und nichtssagenden algebraischen Bezeichnungen wie Minuend, Dividend, Potenz, Radikand usw. durch anschaulichere ersetzt und zudem noch auf ein Mindestmaß verringert werden. An die Stelle von 4 Bezeichnungen (»Multiplikand«, »Multiplikator«, »Produkt« und »Faktor«) tritt eine einzige, nämlich »Mal-Größe«. Diese entspricht allen Anforderungen des Formelumstellens, drückt durch ihre Ableitung vom Malzeichen zugleich in anschaulichster Weise ihre Funktion aus und paßt sich außerdem noch voll und ganz der sprachlichen Ausdrucksweise und den Gesetzmäßigkeiten beim Umstellen an (z. B. »Mal U« kommt auf die andere Seite als »geteilt durch U«). Entsprechend ist auch die Bezeichnung »Geteilt-Größe« gewählt. Es sei ausdrücklich erwähnt, daß die Worte »Plus-«, »Minus-«, »Mal-« und »Geteilt-Größe« nur als einheitliche Bezeichnung zur Unterscheidung von Größen in Erscheinung treten. In der Praxis bedient man sich der kürzesten Ausdrucksweise und spricht: Plus R kommt auf die andere Seite als minus R, mal R als geteilt durch R.

Der Doppelpfeil ist das Ergebnis der Veranschaulichung und Gewinnung des Merksatzes: Mal kommt auf die gegenüberliegende Seite als geteilt und umgekehrt. Diese Gesetzmäßigkeit bringt er seiner Form nach beim Umstellen immer

wieder zum Ausdruck, der Lage nach bestimmt
er, daß Mal- und Geteilt-Größen nur über das
Gleichheitszeichen weg vertauscht werden
können. Gegenüber dem zeitraubenden und oft
recht schwierigen Ausmultiplizieren aller Glieder
einer Gleichung mit dem Hauptnenner, ermöglicht
er auf dem einfachsten Weg die schnellste
Lösung.

Zum Vergleich ein einfaches Beispiel:

$$3 = \frac{12}{x}$$

$$3 \cdot x = \frac{12 \cdot x}{x} \quad \text{(Ausmultipl. mit } x\text{)}$$
$$\text{(Kürzen durch } x\text{)}$$

$$3 \cdot x = 12$$

$$x = \frac{12}{3}$$

$$x = 4$$

$$3 = \frac{12}{x}$$

$$x = \frac{12}{3}$$

$$x = 4$$

Entgegen dem geordneten Aufbau des Lehr-
stoffes wird bei der Auswahl von Übungsaufgaben
(Kap. XIII) absichtlich jede Systematik vermieden, weil beim Rechnen mehrerer nach Form
und Inhalt ähnlicher Aufgaben bewußt oder un-
bewußt mechanisiert, aber nicht mehr gedacht
wird. Wird man aber bei der Lösung von einem
Sachgebiet ins andere geworfen, muß einmal nach
dieser, dann gleich wieder nach einer anderen Formel gearbeitet werden, so zwingt das zu denken-
dem Rechnen und führt zu einer geistigen
Wendigkeit, die letzten Endes bei der Ver-
schiedenartigkeit der Prüfungsaufgaben von großem
Vorteil ist.

Um den Anforderungen des schwachen wie
des gewandten Rechners gerecht zu werden, werden bei den Übungsaufgaben die Formeln, die zur

Lösung notwendig sind, nicht mehr angegeben,
wohl aber in Klammern die Nummern, unter denen
sie nötigenfalls in der Übersicht zu finden sind.
Auf diese Weise ist dem einen die Möglichkeit zur
Lösung gegeben, der andere wird in der selbständi-
gen Ausrechnung nicht beeinflußt. Als Kontrolle
steht beiden das **Lösungsheft** zur Verfügung.

Inhaltsverzeichnis

I. Übersicht über den technischen Übungsstoff

Es handelt sich hier um eine Auswahl von Formeln, Formelzeichen und Maßeinheiten aus Elektrotechnik und Fachphysik für das Umstellen von Formeln.

a) Formelgrößen und Einheiten

Spannung	U	Volt	V
Stromstärke	I	Ampere	A
Widerstand	R	Ohm	Ω
Leistung	N	Watt	W
Arbeit	A	Wattstunden	Wh
Querschnitt	F	Quadratmillimeter	mm²
Kraft	P	Kilogramm	kg
Durchmesser	d	Millimeter	mm
Drahtlänge	l	Meter	m
Zeit	t	Sekunden	s
Weg	s	Meter	m
Umfangs- geschwindigkeit	v	$\dfrac{\text{Meter}}{\text{Sekunden}}$	m/s
Zähnezahl	z		
Drehzahl	n	in der Minute	/min
Einheitswiderstand	ϱ	(sprich: Rho)	
Wirkungsgrad	η	(» : Eta)	
Leistungsfaktor	λ	(» : Lambda)	
Einheitsgewicht (spez. Gewicht) (Wichte)	γ	(» : Gamma)	

b) Formeln

1. Ohmsches Gesetz $\quad U = I \cdot R$

2. Gleichstromleistung a) $N = U \cdot I$
   $\qquad\qquad\qquad$ b) $N = I^2 \cdot R$

3. Elektr. Arbeit $\quad A = N \cdot t$

4. Mech. Arbeit $\quad A = P \cdot s$

5. Mech. Leistung $\quad N = \dfrac{A}{t}$

6. Wirkungsgrad $\quad \eta = \dfrac{N_a}{N_z}$

7. Widerstandsberechn. $\quad R = \dfrac{l \cdot \varrho}{F}$

8. Drahtquerschnitt $\quad F = \dfrac{d^2 \cdot \pi}{4}$

9. Umfangsgeschwindigkeit $v = \dfrac{d \cdot \pi \cdot n}{60}$

10. Riemenantrieb $\quad \dfrac{n_1}{n_2} = \dfrac{d_2}{d_1}$

11. Zahnradantrieb $\quad \dfrac{n_1}{n_2} = \dfrac{z_2}{z_1}$

12. Wechselstromleistung $\quad N = U \cdot I \cdot \lambda$

13. Drehstromleistung $\quad N = U \cdot I \cdot \lambda \cdot 1,73$

14. Hintereinanderschalt. $\quad R = R_1 + R_2 + R_3 +$

15. Nebeneinanderschalt. $\quad \dfrac{1}{R} = \dfrac{1}{R_1} + \dfrac{1}{R_2} + \dfrac{1}{R_3} +$

Sind z. B. mehrere Durchmesser gegeben, so bezeichnet man den einen mit d_1, den anderen mit d_2, den 3. mit d_3 ähnlich wie auch N_a die abgegebene und N_z die zugeführte Leistung ist.

II. Allgemeines über Gleichungen

In der Elektrotechnik drückt man die Gesetzmäßigkeiten durch sog. Formeln aus, welche die äußere Gestalt von Gleichungen haben.

Jede Gleichung wird durch das Gleichheitszeichen in eine linke und rechte Seite geteilt, die beide gleich groß sein müssen.

Linke Seite	=	rechte Seite
$6 \cdot 7$	=	42
42	=	**42**
$13 + 7 - 8 + 4$	=	16
16	=	**16**

Neben Zahlengleichungen gibt es auch Buchstabengleichungen, die sich, wie der Name schon sagt, aus Buchstabengrößen zusammensetzen. Man bezeichnet nämlich in der Elektrotechnik

die Spannung   mit dem Buchstaben U,
die Stromstärke   »   »   » I,
den Widerstand   »   »   » R.

Der Zusammenhang zwischen diesen 3 Größen läßt sich mit Worten in folgender Gleichung ausdrücken:

Spannung = Stromstärke mal Widerstand.

Kürzer geschrieben:

$$U = I \qquad R$$

Für die äußere Form der Gleichungen ist zu merken:

1. Es muß immer Gleichheitszeichen unter Gleichheitszeichen stehen,
2. rechts und links vom Gleichheitszeichen muß immer ein daumenbreiter Platz frei bleiben,
3. Bruchstriche müssen in Höhe des Gleichheitszeichens zu stehen kommen,
4. Buchstaben und Zahlen sind so auf oder unter den Bruchstrich zu setzen, daß sie diesen nicht berühren.

Durch gewissenhafte Beachtung der äußeren Form von Gleichungen kommt man zu einer sauberen Darstellung; dadurch wird, wie die Erfahrung zeigt, eine Reihe von Fehlern vermieden.

Die Gleichungen, mit denen der Elektrohandwerker zu rechnen hat, teilen sich in 2 Hauptgruppen, nämlich

in Gleichungen mit Plus- und Minusgrößen und

in Gleichungen mit Mal- und Geteilt-Größen.

Die Bezeichnungen sind analog den Vorzeichen (plus +, minus —, mal ·, geteilt : oder Bruchstrich) gewählt, weil sie in dieser Form bereits im allgemeinen Rechnen bekannt sind und so auch beim Umstellen die größtmöglichste Anschaulichkeit gegeben ist.

Der Vollständigkeit wegen soll noch von einer 3. Gruppe von Gleichungen gesprochen werden, nämlich den Gleichungen mit Mal- und Plusgrößen. Diese sind im elektrotechnischen Fachrechnen zwar sehr selten und können obendrein fast immer noch vereinfacht werden. So ergibt die Formel:

$$Q = G \cdot (t_e - t_a) \cdot c,$$

wenn man t als Temperaturunterschied bezeichnet, die viel einfachere Merkformel:

$$Q = G \cdot t \cdot c.$$

Außerdem sei noch festgestellt, daß diese Formeln meist nur in ihrer Grundform Verwendung finden, also überhaupt nicht oder nur so weit umgestellt werden, als das für die Praxis Sinn hat. Für die Formel:

$$F = \frac{2 \cdot \varrho}{U_v} \cdot (i_1 \cdot s_1 + i_2 \cdot s_2 + \ldots)$$

kommt beispielsweise nur e i n e Umstellung, nämlich wenn U gesucht ist, in Frage. Diese ist mittels des »Doppelpfeiles« ohne weiteres zu lösen.

III. Gleichungen mit Mal- und Geteilt-Größen

$$U = I \cdot R$$

I und R, durch ein Malzeichen verbunden, sind Mal-Größen, U ist das Ergebnis des Malnehmens und wird deshalb auch als Mal-Größe bezeichnet.

Wenn bei einer Gleichung mit 3 Größen 2 bekannt oder gegeben sind, kann man die 3. errechnen oder suchen; man bezeichnet sie deshalb als Gesuchte und macht sie immer durch Umrahmen kenntlich.

Weiß man z. B., daß $U = 220$ und $I = 10$ ist, so ergibt sich nach der Grundformel folgendes Bild:

$$U \;=\; I \;\cdot\; R \text{ oder}$$
$$220 \;=\; 10 \;\cdot\; \boxed{R}.$$

Die Gesuchte ist R, nachdem ja U und I bekannt sind. Wenn nun $10 \cdot R = 220$ ist, so kann R allein nur der 10. Teil von 220 sein, also $\dfrac{220}{10}$, ausgerechnet ergibt das: $R = 22$.

Damit man die Gesuchte R allein bekommt, muß man also die Malgröße 10 bei der Gesuchten als Geteilt-Größe (unter den Bruchstrich) auf die gegenüberliegende Seite bringen.

Merke:

> Mal-Größen kommen auf die gegenüberliegende Seite als Geteilt-Größen.

Überprüft man rechnerisch das Ergebnis, so ergibt sich die Richtigkeit der Gleichung:

$$U = I \cdot R$$
$$220 = 10 \cdot 22$$
$$\mathbf{220} = \mathbf{220}$$

Was für Zahlengrößen gilt, gilt natürlich auch in gleicher Weise für Buchstabengrößen:

$$U = I \cdot \boxed{R}; \text{ gesucht ist } R.$$

$$\frac{U}{I} = R.$$

Liest man ausnahmsweise von rechts nach links, so erhält man: $R = \dfrac{U}{I}$. Weil man aber gewöhnlich von links nach rechts liest, vertauscht man beide Seiten ohne etwas zu verändern und erhält dann das gleiche Endresultat.

Merke:

> Die Gesuchte muß immer allein und auf der linken Seite stehen.

Erst dann kann man Zahlenwerte einsetzen und die Gesuchte ausrechnen. Dieses Alleinstellen der Gesuchten bezeichnet man als das Umstellen von Formeln. Die absolute Beherrschung dieser Tätigkeit ist das Fundament des elektr. Fachrechnens.

Wann ist das Umstellen von Formeln nun notwendig? — Antwort: Immer nur dann, wenn die Gesuchte nicht allein und nicht auf der linken Seite steht.

Wie oft kann beispielsweise die Formel $U = I \cdot R$ umgestellt werden? — Antwort: Zweimal, denn ist U gesucht, so ist ein Umstellen nicht notwendig; U steht schon allein und auf der linken

Seite der Gleichung. Notwendig dagegen ist ein Umstellen für I und R als Gesuchte, denn ·diese stehen nicht allein und auch nicht auf der linken Seite.

Wenn man Mal-Größen als Geteilt-Größe (unter den Bruchstrich) auf die gegenüberliegende Seite bringen kann, so ergibt sich umgekehrt:

> **Geteilt-Größen kommen als Mal-Größen auf die gegenüberliegende Seite.**

Beweis für die Richtigkeit:

$$6 = \frac{3 \cdot 4}{2} \qquad \text{Probe: } 6 = 6$$

$$6 \cdot 2 = 3 \cdot 4 \qquad \text{Probe: } 12 = 12$$

Wenn nun Mal-Größen als Geteilt-Größen und Geteilt-Größen als Mal-Größen auf die gegenüberliegende Seite kommen, so folgt daraus:

> **Mal-Größen und Geteilt-Größen können gegeneinander vertauscht werden. (Doppelpfeil!)**

Beweis für die Richtigkeit:

$$6 \longleftarrow = \frac{3 \cdot 4}{2} \qquad \text{Probe: } 6 = 6$$

$$2 = \frac{3 \cdot 4}{6} \qquad \text{Probe: } 2 = 2$$

Merke für das Umstellen:

> **Ist die Gesuchte eine Geteilt-Größe, so muß sie immer erst durch Doppelpfeil zu einer Mal-Größe gemacht werden.**

Man will nämlich nicht wissen, wie groß z. B. $\frac{1}{F}$ (lies: Geteilt durch F) ist, sondern wie groß F ist.

Bei Anwendung des Doppelpfeiles darf nicht übersehen werden, daß dieser nicht nur eingezeichnet, sondern auch in einer neuen Gleichung ausgeführt werden muß.

Am einfachsten macht man das folgendermaßen: Man schreibt erst alles, was sich nicht ändert, also Gleichheitszeichen, Bruchstriche und die verschiedenen Größen ab, dann erst werden die beiden Größen, die durch Doppelpfeil kenntlich gemacht sind, gegeneinander vertauscht. Mit einem Griff ist so die Gesuchte zu einer Mal-Größe geworden. Ein weiteres Umstellen erübrigt sich immer, wenn die Gesuchte nun auch schon allein und auf der linken Seite steht.

Musterbeispiel:

$$R \rightleftarrows \frac{l \cdot \varrho}{F}$$

$$F = \frac{l \cdot \varrho}{R}.$$

Merke für das Umstellen von Formeln!

Bevor eine Umstellung vorgenommen wird, immer erst das Gleichheitszeichen setzen!

Um das Umstellen zu erleichtern, zu vereinfachen und bis zur absoluten Sicherheit zu vertiefen, bediene man sich bis zur vollen Geläufigkeit eines erprobten Führers in Form von 3 Merkpunkten:

1. Gesuchte kenntlich und zu einer Mal-Größe machen (Doppelpfeil!).
2. Gesuchte und gegenüberliegende Seite abschreiben.
3. Alle Größen bei der Gesuchten auf die gegenüberliegende Seite!

Musterbeispiele:

$$U = \boxed{I} \cdot R; \quad \text{Ges. } I$$

$$\frac{U}{R} = \boxed{I}$$

$$I = \frac{U}{R}$$

$$N = \frac{A}{\boxed{t}}; \quad \text{Ges. } t$$

$$t = \frac{A}{N}$$

$$\frac{n_1}{\boxed{n_2}} = \frac{d_2}{d_1}; \quad \text{Ges. } n_2$$

$$\frac{n_1}{d_2} = \frac{\boxed{n_2}}{d_1}$$

$$\frac{n_1 \cdot d_1}{d_2} = n_2$$

$$n_2 = \frac{n_1 \cdot d_1}{d_2}$$

Aufgaben. Stelle nachfolgende Formeln so oft um wie möglich!

1. $N = U \cdot I$ 2. $A = N \cdot t$

3. $A = P \cdot s$ 4. $\eta = \dfrac{N_a}{N_z}$

5. $N = U \cdot I \cdot \lambda$ 6. $N = \dfrac{A}{t}$

7. $R = \dfrac{l \cdot \varrho}{F}$ 8. $v = \dfrac{d \cdot \pi \cdot n}{60}$

9. $\dfrac{n_1}{n_2} = \dfrac{d_2}{d_1}$ 10. $\dfrac{n_1}{n_2} = \dfrac{z_2}{z_1}$

11. $N = U \cdot I \cdot \lambda \cdot 1{,}73$

Angewandte Aufgaben. Mit der absolut siche-
ren Beherrschung des Formelumstellens ist die
Voraussetzung zur Lösung von Textaufgaben gegeben. Hiezu einige Winke!

Beim Lösen von Textaufgaben ist der größte
und häufigste Fehler der, daß meist nur die Aufgabe kurz überflogen und dann einfach darauf-
losgerechnet wird. Ergibt sich dann ein unmög-
liches Ergebnis, dann setzt meist eine gewisse Ner-
vosität ein, mit dem Denken ists vorbei, und zu
den bisherigen Fehlern gesellen sich nur noch neue.
Das erste und wichtigste ist deshalb das Vor-
stellen und Erfassen einer Aufgabe. Dies wird
erreicht, indem man die Aufgabe 2- bis 3 mal auf-
merksam Wort für Wort durchliest, bis man
sich darüber klar ist, was denn eigentlich gesucht
und gegeben ist. Es ist deshalb sehr zweckmäßig,
schriftlich gleich festzuhalten:

> Gesucht: . . . .
>
> Gegeben: . . . .

Die Festlegung erfolgt in der kürzesten Form,
also mit den Formelzeichen unter gleichzeitiger
Angabe der Zahlenwerte und ihrer Maßeinheiten, also beispielsweise so:

> Gesucht: R,
>
> Gegeben: $U = 220$ V,
>
> $\qquad\quad I = \ \ 10$ A.

Nun folgt das Besinnen auf eine Formel, in
der die gegebenen Buchstabengrößen vorkommen.

Die gefundene Grundformel wird ange-
schrieben.

Steht die Gesuchte noch nicht allein und auf
der linken Seite, so muß die Formel erst umgestellt werden, andernfalls erübrigt sich das.

Nun werden die Zahlenwerte eingesetzt und anschließend wird ausgerechnet. Die Ausrechnung erfolgt zweckdienlich der Übersichtlichkeit wegen nicht im Rechnungsgang, sondern in Nebenrechnungen.

Beim Einsetzen von Zahlenwerten ist besonders darauf zu achten, daß nur mit einander entsprechenden Maßeinheiten gerechnet werden kann, denn man kann vervielfachen 6 m · 4 m, aber nicht 6 m · 4 cm, man kann teilen 6 V durch 4 Ω, aber nicht 6 V durch 4 kΩ. Deshalb überprüft man vor dem Einsetzen die unter »Gegeben« stehenden Maßeinheiten und rechnet sie in die einander entsprechenden Maßeinheiten um. Es ergibt sich dann folgendes Bild:

Gesucht: I

Gegeben: $U = 6$ V

$R = 4$ k$\Omega = 4000\ \Omega$

Erhält man als Resultat z. B. $U = 220$, so wird die Maßeinheit für U hinzugesetzt und geschrieben:

$$U = 220\ \mathbf{V}$$

Der Lösungsgang läßt sich in Merkpunkten folgendermaßen festlegen:

a) Gesucht und gegeben!
b) Grundformel!
c) Umstellen!
d) Einsetzen!
e) Ausrechnen!

Musterbeispiel. Aufgabe: Wie groß ist die Stromstärke eines elektr. Strahlofens mit einer Leistung von 1,5 kW, der an 220 V angeschlossen ist?

a) Gesucht und gegeben!	Gesucht: I
	Gegeben: $U = 220$ V
	$N = 1,5\,\text{kW} = 1500\,\text{W}$

b) Grundformel! $\quad N = U \cdot \boxed{I}$

c) Umstellen! $\quad \dfrac{N}{U} = \boxed{I}$

$$I = \dfrac{N}{U}$$

d) Einsetzen! $\qquad = \dfrac{1500}{220}$

(Gekürzt mit 10 und 2 gibt

e) Ausrechnen! $\qquad = \dfrac{75}{11}$

$$I = 6,8\ \text{A}$$

Nebenrechnung
75 : 11 = 6,81
90
20

Beim Einsetzen (Punkt d) empfiehlt es sich zum Zwecke einer weiteren Kontrolle nicht nur die Zahlenwerte, sondern nach Möglichkeit auch ihre Maßeinheiten dazu anzugeben. Es heißt dann: $\dfrac{1500\ \text{W}}{220\ \text{V}}$.

Rechenvorteil. Wie aus vorhergehendem Musterbeispiel ersichtlich, erspart man Zeit und Arbeit, wenn man v o r dem Ausrechnen v e r e i n - f a c h t. Dabei ist darauf zu achten, daß der Wert aber immer gleich bleiben muß.

Statt zu rechnen: $\qquad 84000 \cdot 0,0175$ rechnet man k ü r z e r : $\qquad 84 \cdot 17,5$.

Damit der Wert gleich bleibt, teilt man

84000 durch 1000,

dafür aber v e r v i e l f a c h t man

0,0175 mit 1000.

Soll ein Bruch vereinfacht werden, so muß die Zahl auf und auch die unter dem Bruchstrich mit der gleichen Zahl vervielfacht oder durch die gleiche geteilt werden.

Statt zu rechnen: $\dfrac{2,6}{0,7}$ rechnet man kürzer:

$$\frac{26}{7} = 26 : 7$$

Statt zu rechnen: $\dfrac{35,4}{60}$ rechnet man kürzer:

$$\frac{3,54}{6} = 3,54 : 6$$

oder noch einfacher:

$$\frac{1,77}{3} = 1,77 : 3$$

Rechne: $\dfrac{5000 \cdot 0,08}{20}$ Lösung:
$$\frac{5000 \cdot 0,08}{20}$$
$$= \frac{50 \quad \cdot \quad 8}{20}$$
$$= \frac{5 \quad \cdot \quad 8}{2}$$
$$= 5 \quad \cdot \quad 4$$
$$= \mathbf{20}$$

Bei der Errechnung des Resultates wird vielfach die Frage aufgeworfen, auf wie viele Stellen genau auszurechnen sei. Antwort: Rechne nur so weit genau, als es dem Sinn der Aufgabe entspricht. Sinnlos wäre es z. B. auszurechnen, daß ein Bund Kupferdraht 84,9768 M. kostet, nachdem es nur hundertstel Mark (= Pfennige) gibt. Das Resultat kann also nur 84,98 M. sein, da die 7 wegen der nachfolgenden 6 auf 8 aufgerundet wird. Doch wird es keinem Elektriker einfallen zu sagen: Dieser Bund Kupferdraht kostet 84 M. und

98 Pfennige, sondern jeder sagt 85,— M., denn bei einem Betrag in dieser Höhe kommt es wirklich nicht auf 2 Pfennige an.

Wenn man also nicht gedankenlos darauf losrechnet, kann man Zeit und Arbeit sparen und kommt dazu noch zu einem Resultat, das auch durchaus der Praxis entspricht.

Merke:

> Aufgerundet wird nur, wenn die nachfolgende Zahl eine 5, 6, 7, 8 oder 9 ist.

Doch entspricht es durchaus dem Sinn der Lösung, wenn darüber hinaus entsprechend der Wirklichkeit angeglichen wird. Ist z. B. in einer Aufgabe nach der Leistung einer elektr. Glühlampe gefragt und ergeben sich rechnerisch 58,97 W, so ist das Ergebnis der Praxis entsprechend besser mit 60 W anzugeben, da 58,97-W-Lampen nicht handelsüblich sind, wohl aber 60-W-Lampen.

Von großem Vorteil ist die Überprüfung eines Rechenergebnisses auf seine Möglichkeit. Erhält man beispielsweise als Resultat, ein elektrisches Bügeleisen ist an 2200 V angeschlossen, so läßt sich wohl unschwer erkennen, daß das praktisch unmöglich ist, daß also ein Dezimalstellenfehler vorliegt, der leicht festgestellt werden kann. Ist ein solcher nicht zu finden, so weiß man, daß der Rechnungsgang falsch sein muß.

Hat man z. B. zu rechnen: $F = \dfrac{2 \cdot 400 \cdot 0{,}0175}{0{,}24}$, so vervielfacht man erst 0,0175 mit 100. Es bleibt dann übrig: $F = \dfrac{2 \cdot 4 \cdot 1{,}75}{0{,}24}$. Nun kürzt man 0,24 durch 2 und 4; das gibt: $F = \dfrac{1{,}75}{0{,}03}$. Nachdem es

einfacher ist mit 3 als mit 0,03 zu teilen, vervielfacht man beide Zahlen mit 100 und erhält:

$$175 : 3 = \mathbf{58,33} \ldots$$

Auf diese Weise ist die ganze Aufgabe o h n e
N e b e n r e c h n u n g zu lösen, während sich sonst
als Nebenrechnungen ergeben:

$$800 \quad \cdot 0,0175$$
$$= 0,0175 \cdot \quad 800$$
$$14,0000 : 0,24$$
$$= 1400 \quad : \quad 24 = 58,33 \ldots$$
$$200$$
$$80$$
$$80$$

Eine Regel über die Anwendung von Rechen-
vorteilen läßt sich allgemein nicht aufstellen, doch
wird die Ausrechnung immer e i n f a c h e r, wenn
man v o r dem Kürzen daraufsieht, daß ein Dezimalbruch erst durch Vermehren mit 10, 100 oder 1000
vereinfacht, möglicherweise zu einer ganzen Zahl
gemacht wird.

(Über das Vermehren mit 10, 100 oder 1000
siehe »Übersicht über Maßeinheiten bei Längen-,
Flächen- und Körperberechnungen«!)

12. Wie groß ist der Widerstand einer Magnet-
spule mit 2,5 A Strombedarf, die an 220 V
angeschlossen ist? $(U = I \cdot R)$

13. Wie viele Ampere nimmt eine 60-W-Lampe
ihrer Nennspannung von 220 V auf?
$(N = U \cdot I)$

14. Ein Kupferdraht $(\varrho = 0,0175)$ mit einem
Querschnitt von 6 mm² hat einen Widerstand
von 4,75 Ω. Wie lang ist er? $\left(R = \dfrac{l \cdot \varrho}{F}\right)$

15. Bei 110 V Spannung fließt ein Strom von 8,4 A. Wie groß ist der Widerstand? ($U = I \cdot R$)

16. Ein elektrischer Kochtopf verbraucht bei 110 V Spannung 0,650 kW. Wie groß ist die Stromstärke? ($N = U \cdot I$)

17. Ein Gleichstrommotor mit 0,75 A Stromaufnahme ist an 440 V angeschlossen. Wieviel kW verbraucht er? ($N = U \cdot I$)

18. Eine Riemenscheibe mit einem Durchmesser $d_1 = 200$ mm und einer Drehzahl von $n_1 = 750$ treibt eine zweite mit einem Durchmesser $d_2 = 500$ mm. Wie groß ist die Drehzahl der zweiten Riemenscheibe? $\left(\dfrac{n_1}{n_2} = \dfrac{d_2}{d_1} \right)$

19. Wie viele Umdrehungen in der Minute macht eine Riemenscheibe mit einem Durchmesser von 750 mm, wenn die Umfangsgeschwindigkeit $v = 20$ m/s ist? $\left(v = \dfrac{d \cdot \pi \cdot n}{60} \right)$

20. Ein Motor nimmt bei 220 V 12,4 A auf. Wie groß ist die zugeführte Leistung in Watt? ($N = U \cdot I$)

21. An welche Spannung ist ein Motor mit 6,5 A Strombedarf und einer Leistungsaufnahme von 715 W angeschlossen? ($N = U \cdot I$)

22. Wie viele Watt-Stunden verbraucht eine 60-W-Lampe in 8½ Stunden? ($A = N \cdot t$)

23. Welche mechanische Arbeit ist notwendig, um eine Schalttafel von 85 kg Gewicht 2,5 m hochzuheben? ($A = P \cdot s$)

24. Ein Zahnrad mit $z_1 = 75$ Zähnen und einer Drehzahl von 40/min treibt ein zweites mit

$z_2 = 30$ Zähnen. Wie groß ist die Drehzahl des getriebenen Zahnrades? $\left(\dfrac{n_1}{n_2} = \dfrac{z_2}{z_1} \right)$

25. Welchen Widerstand hat ein Aluminiumdraht ($\varrho = 0{,}03$) mit einem Querschnitt $F = 2{,}5\ \text{mm}^2$ und einer Länge von 250 m? $\left(R = \dfrac{l \cdot \varrho}{F} \right)$

26. Welchen Querschnitt hat ein Kupferdraht von 220 m Länge und einem Widerstand von $1{,}4\,\Omega$? ($\varrho = 0{,}0175$) $\left(R = \dfrac{l \cdot \varrho}{F} \right)$.

27. Einem Motor werden 3000 W (N_z) zugeführt, während er als Leistung nur 2500 W (N_a) abgibt. Wie groß ist sein Wirkungsgrad? $\left(\eta = \dfrac{N_a}{N_z} \right)$.

IV. Gleichungen mit Plus- und Minus-Größen

Plus schreibt man als ein Kreuzlein (+), minus als ein waagrechtes Strichlein (—) vor die Zahlen- oder Buchstabengröße. Bekannt sind die beiden Wörtchen vom Ablesen des Thermometers her (+ 3⁰ = plus 3 Grad, — 3⁰ = minus 3 Grad).

Wie es Gleichungen mit Mal- und Geteilt-Größen gibt, gibt es auch solche mit Plus- und Minus-Größen.

$$4 + 3 = 7.$$

Eigentlich müßte man schreiben:

$$+ 4 + 3 = + 7,$$

denn alle 3 Größen sind Plus-Größen, wenn man auch beim Zusammenzählen bei der 1. Größe und dem Resultat das Plus-Zeichen wegläßt. Anders ist es bei den Minus-Größen:

> Eine Zahlen- oder Buchstabengröße ist nur dann eine Minus-Größe, wenn davor ein Minus-Zeichen steht.

Für das Umstellen von Gleichungen mit Plus- oder Minus-Größen merke:

> Plus-Größen kommen auf die gegenüberliegende Seite als Minus-Größen.
> Minus-Größen auf die gegenüberliegende Seite als Plus-Größen.

Beweis: $7 + \boxed{6} = 13$ Probe: $13 = 13$

$\qquad\qquad 6 = 13 - 7 \qquad\qquad\qquad 6 = 6$

$\qquad\quad \boxed{8} - 3 = 5 \qquad\qquad\qquad 5 = 5$

$\qquad\qquad 8 \quad\; = 5 + 3 \qquad\qquad\qquad 8 = 8$

    Merke:

Ist die Gesuchte eine Minus-Größe, so muß sie erst auf der gegenüberliegenden Seite zu einer Plus-Größe werden.

Die 3 Punkte für das Umstellen heißen deshalb:

---

1. Gesuchte kenntlich und zu einer Plus-Größe machen.
2. Gesuchte und gegenüberliegende Seite abschreiben.
3. Alle Größen bei der Gesuchten auf die gegenüberliegende Seite.

Musterbeispiel:

    Gesucht: R_2

    Gegeben: $R = R_1 + R_2$

             R und R_1

Lösung: $R \qquad = R_1 + \boxed{R_2}$

$\qquad\quad R - R_1 = \qquad\; \boxed{R_2}$

$\qquad\qquad \boldsymbol{R_2 = R - R_1}$

    Aufgaben:

1. 4 Widerstände von je 2,97 Ω sind hintereinander geschaltet. Berechne den Gesamtwiderstand! ($R = R_1 + R_2 + R_3 + R_4$)

2. Berechne R_1, wenn der Gesamtwiderstand 6,34 Ω und $R_2 = 3,39\ \Omega$ ist! ($R = R_1 + R_2$)

3. Von 3 hintereinander geschalteten Widerständen mit einem Gesamtwiderstand von 6,806 Ω sind R_1 mit 2,5 Ω und R_3 mit 1,226 Ω bekannt. Gesucht ist R_2 . $(R = R_1 + R_2 + R_3)$

4. Von 4 hintereinander geschalteten Widerständen sind 2 mit je 0,84 Ω und einer mit 1,35 Ω bekannt. Wie groß ist der 4. Widerstand, wenn der Gesamtwiderstand 3,09 Ω beträgt? $(R = R_1 + R_2 + R_3 + R_4)$

V. Quadrieren und Wurzelziehen

Wenn man eine Zahl mit sich selbst vervielfacht, so bezeichnet man das als Quadrieren und das Ergebnis als das Quadrat dieser Zahl ($7 \cdot 7 = 49$).

Wenn man nun umgekehrt die Zahl wissen will, die mit sich selbst vervielfacht 49 ergeben hat, so bezeichnet man das »als die Wurzel aus 49 ziehen«. Die Wurzel aus 49, man schreibt kürzer $\sqrt{49}$, muß natürlich 7 sein, weil ja 7 die Zahl ist, die mit sich selbst vervielfacht 49 ergibt.

Ergebnis:

Quadrieren	Wurzel
$7 \cdot 7 = 49$	$\sqrt{49} = 7$

Um beim Quadrieren nicht immer die betreffende Zahl 2 mal schreiben zu müssen, hat man eine Vereinfachung getroffen: Man schreibt statt:

$$7 \cdot 7 \qquad = 49 \text{ kürzer}$$
$$7^2 \qquad = 49 \text{ und liest:}$$
$$7 \text{ im Quadrat} = 49$$

Dieser abgekürzten Form bedient sich der Elektriker auch bei der Bezeichnung von Flächeneinheiten. Er schreibt nicht:

$$m \cdot m = qm, \text{ sondern } m \cdot m = m^2.$$

Genau so wie man Zahlengrößen quadrieren und aus ihnen die Wurzel ziehen kann, genau so kann man das auch bei Buchstabengrößen. Statt zu schreiben:

$$U \cdot U \quad \text{schreibt man kürzer} \quad U^2$$
$$I \cdot I \quad \text{»} \quad \text{»} \quad \text{»} \quad I^2$$
$$d \cdot d \quad \text{»} \quad \text{»} \quad \text{»} \quad d^2$$

Wenn beispielsweise $\boxed{\begin{aligned} d^2 &= 36 \\ d &= \sqrt{36} \end{aligned}}$ ist, so ist umgekehrt

$$d = 6$$

Unterscheide:

$$\begin{aligned} 7^2 &= 7 \cdot 7 = 49 && \text{(Quadrieren)} \\ 7 \cdot 2 &= 14 && \text{(Vervielfachen!)} \\ d^2 &= d \cdot d && \text{(Quadrieren!)} \\ d \cdot 2 &= \text{zweimal } d. \text{ Durchmesser (Verviel-} \\ & \quad \text{fachen!)} \\ d_2 &= \text{der Durchm. } d_2 \text{ zum Unterschied} \\ & \quad \text{vom Durchmesser } d_1 \text{ oder dem} \\ & \quad \text{Durchmesser } d_3. \end{aligned}$$

Übungsaufgaben:

1. $5^2 = \qquad 12^2 = \qquad 60^2 = \qquad 90^2 =$

2. $47^2 = \qquad 110^2 = \qquad 440^2 = \qquad 6000^2 =$

3. $2{,}8^2 = \qquad 4{,}7^2 = \qquad 0{,}35^2 = \qquad 0{,}08^2 =$

Für die Praxis und für Prüfungen genügt es, wenn die Werte beim Wurzelziehen schätzungsweise angegeben werden können. Will man diese dagegen genau haben, so sind sie aus Tabellen zu entnehmen.

Musterbeispiel:

Schätze $\sqrt{17}$!

Die Quadratzahl vor 17 ist 16. $\sqrt{16} = 4$. Die nächste Quadratzahl nach 17 ist 25. $\sqrt{25} = 5$.

Die $\sqrt{17}$ muß also einen Wert haben, der größer als 4, aber kleiner als 5 ist, also etwa 4,1. Nach Tabelle 4,1231.

Übungsaufgaben:

4. $\sqrt{24} =$ $\sqrt{38} =$ $\sqrt{45} =$ $\sqrt{86} =$

5. $\sqrt{50} =$ $\sqrt{72} =$ $\sqrt{165} =$ $\sqrt{150} =$

6. $\sqrt{2510} =$ $\sqrt{4,8} =$ $\sqrt{9,67} =$ $\sqrt{8109} =$

7. $\sqrt{47,15} =$ $\sqrt{98,8} =$ $\sqrt{406} =$ $\sqrt{7,11} =$

8. Bestimme d, wenn $d^2 = 26$ (50; 93; 230; 14,7) ist!

Lösung: $d^2 = 26$
$$d = \sqrt{26}$$
$$d = \mathbf{5,1}$$

9. Bestimme I, wenn $I^2 = 8,12$ (13,8; 165; 8120) ist!

10. Bestimme U, wenn $U^2 = 1601$ (63,6; 12,7; 12100) ist!

Ist in einer Aufgabe d gesucht, in der Formel aber d^2 gegeben, so wird erst d^2 allein und auf die linke Seite gebracht, dann kann erst die Wurzel aus dem ganzen gegenüberliegenden Ausdruck gezogen werden.

Musterbeispiel:

Gesucht: d

Gegeben: $F = \dfrac{d^2 \cdot \pi}{4}$ (Grundformel)

$$F = 10 \text{ mm}^2$$
$$\pi = 3,14$$

Lösung: $F = \dfrac{\boxed{d^2} \cdot \pi}{4}$

$$\frac{F \cdot 4}{\pi} = \boxed{d^2}$$

$$d^2 = \frac{F \cdot 4}{\pi}$$

$$d = \sqrt{\frac{F \cdot 4}{\pi}}$$

$$= \sqrt{\frac{10 \cdot 4}{3,14}}$$

$$= \sqrt{\frac{40}{3,14}}$$

$$= \sqrt{12,7}$$

$$d = \quad 3,6 \text{ mm.}$$

Stelle folgende Formeln um!

11. $N = I^2 \cdot R$.

12. $N = \dfrac{U^2}{R}$

13. $c^2 = a^2 + b^2$.

14. Ein Kupferdraht hat eine Stärke von 3,5 mm. Berechne seinen Querschnitt! $\left(F = \dfrac{d^2 \cdot \pi}{4}\right)$

15. Berechne den Durchmesser eines Kupferdrahtes mit einem Querschnitt von 35 mm²! $\left(F = \dfrac{d^2 \cdot \pi}{4}\right)$

16. Berechne die Seite c in einem rechtwinkligen Dreieck, wenn die Seite $a = 80$ mm und die Seite $b = 300$ mm! $(c^2 = a^2 + b^2)$

17. Welchen Widerstand hat ein elektr. Strahlofen mit 1000 W und einer Stromstärke von 4,5 A? $(N = I^2 \cdot R)$

18. Wie groß ist der Querschnitt einer Kupferstange mit einem Durchmesser von 25 mm? $\left(F = \dfrac{d^2 \cdot \pi}{4}\right)$

19. Wieviel Watt nimmt ein Widerstand von 35 Ω bei 3,2 A auf? $(N = I^2 \cdot R)$

20. Wie groß ist die Seite a in einem rechtwinkligen Dreieck, wenn die Seite $c = 400$ mm und die Seite $b = 200$ mm ist? $(c^2 = a^2 + b^2)$

21. Wie stark ist ein Eisendraht von 16 mm^2? $\left(F = \dfrac{d^2 \cdot \pi}{4}\right)$

22. Wie groß ist die Stromstärke eines elektr. Bügeleisens mit 440 W und einem Widerstand von 110 Ω $(N = I^2 \cdot R)$

VI. Elektrotechnische Maßeinheiten

Siehe erst »Übersicht über Maßeinheiten bei Längen-, Flächen- und Körperberechnungen«!

Das 1 000 000 fache einer Einheit bezeichnet man
mit Meg(a) (M),

das 1000 fache einer Einheit bezeichnet man
mit Kilo (k),

den 1000. Teil einer Einheit bezeichnet man
mit Milli (m).

Übersicht

1 Ohm (Ω) ist der Widerstand, den ein Queck-silberfaden von 1 mm² Querschnitt und 1063 mm Länge hat.

$$1000 \ \Omega = 1 \ k\Omega \quad \text{(Kiloohm)}$$
$$1 000 000 \ \Omega = 1 \ M\Omega \quad \text{(Megohm)}$$
$$1 \ \text{tausendstel} \ \Omega = 1 \ m\Omega \quad \text{(Milliohm)}$$

1 Ampere (A) ist die Stromstärke, die in 1 Sek. aus einer Silbersalzlösung 1,118 mg Silber ausscheidet.

$$1000 \ A = 1 \ kA \quad \text{(Kiloampere)}$$
$$1 000 000 \ A = 1 \ MA \quad \text{(Megampere)}$$
$$1 \ \text{tausendstel} \ A = 1 \ mA \quad \text{(Milliampere)}$$

1 Volt (V) Spannung ist vorhanden, wenn ein Strom von 1 A durch einen Widerstand von 1 Ω fließt.

$$1000 \ V = 1 \ kV \quad \text{(Kilovolt)}$$
$$1 000 000 \ V = 1 \ MV \quad \text{(Megavolt)}$$
$$1 \ \text{tausendstel} \ V = 1 \ mV \quad \text{(Millivolt)}$$

1 Watt (W) ist 1 Volt mal 1 Ampere.

$$1\,000\ W = 1\ kW \quad \text{(Kilowatt)}$$
$$1\,000\,000\ W = 1\ MW \quad \text{(Megawatt)}$$

Für das Umrechnen dieser Maßeinheiten ist die Beherrschung des Rechnens mit den Maßzahlen 1000, 1000000 und 1000stel Voraussetzung. Zunächst muß man unterscheiden zwischen ganzen Zahlen (36) und Dezimalzahlen (26,44). Letztere sind am Komma erkenntlich.

Übersicht

Ganze Zahlen

Vervielfachen

mit   1000   3 Nullen anhängen
»   1000000   6   »   »

Teilen

durch   1000   3 Nullen abstreichen
»   1000000   6   »   »
oder 3 bzw. 6 Stellen abstreichen

Dezimalzahlen

Vervielfachen

mit   1000, Komma um 3 St. n. rechts
» 1000000,   »   » 6 » »   »

Teilen

durch   1000, Komma um 3 St. n. links
» 1000000,   »   » 6 » »   »

> Sind nicht so viele Stellen vorhanden wie das Kommaversetzen erfordert, so werden die fehlenden durch Nullen gebildet.

Musterbeispiele:

$$3\,k\Omega = ?\ \Omega \qquad\qquad 3{,}6428\ kV = ?\ V$$
$$= 3000\ \Omega \qquad\qquad = 3642{,}8\ V$$

$$8 \text{ M}\Omega = ? \ \Omega \qquad\qquad 75 \text{ W} = ? \text{ kW}$$
$$= 8\,000\,000 \ \Omega \qquad\qquad = 0,075 \text{ kW}$$
$$24\,000 \text{ A} = ? \text{ MA} \qquad 374\,000 \text{ W} = ? \text{ MW}$$
$$= 0,024 \text{ MA} \qquad\qquad = 0,374\,\text{MW}$$

Übungsaufgaben:

1. Wieviel V sind:

7420 mV, 84 mV, 9860 mV, 0,08 mV?

2. Wieviel mV sind:

4,2 V, 0,07 V, 456 V, 0,009 V?

3. Wieviel kV sind:

8420 V, 62 V, 37,6 V, 0,47 V?

4. Wieviel V sind:

9,6 kV, 0,84 kV, 64,2 kV, 0,0093 kV?

5. Wieviel kΩ sind:

63 MΩ, 0,62 MΩ, 64957 Ω, 0,0481 MΩ?

6. Wieviel mW sind:

0,015 W, 0,36 W, 0,004 W, 0,00007 W?

7. Wieviel kW sind:

7,4 W, 0,88 MW, 0,0094 MW, 3802 W?

8. Wieviel W sind:

0,082 MW, 7,07 kW, 0,0004 kW, 0,72 MW?

Zahlen, die sich jeder Elektriker merken muß:

1 PS (Pferdestärke)	=	75 kg m/s
1 PS	=	736 W
1 kWh (Kilowattstunde)	=	860 kcal

1 kcal (Kilokalorie) ist die Wärmemenge, die 1 kg Wasser um 1° C erwärmt.

9. Wieviel kgm/s sind:

7,2 PS, 0,084 PS, 0,4 PS, 5 PS?

10. Wieviel PS sind:

834 kgm/s, 49,6 kgm/s, 7,5 kgm/s, 100 kgm/s ?

11. Wieviel W sind:

7,3 PS, 0,084 PS, 9,55 PS, $2\frac{3}{4}$ PS ?

12. Wieviel PS sind:

3490 W, 0,625 kW, 437 W, 0,03 MW ?

13. Wieviel kWh sind:

487 kcal, 72000 kcal, $\frac{1}{5}$ kcal, 32 kcal ?

14. Wieviel kcal sind:

6,2 kWh, 9440 kWh, 6828 Wh $\frac{1}{2}$ kWh ?

VII. Rechnen mit Brüchen

Unterscheide zwischen Dezimalbrüchen (Kennzeichen ist das Komma) und gemeinen Brüchen (Kennzeichen ist der Bruchstrich)!

Beide stellen immer einen Teil vom Ganzen dar. $0,1 = 1$ Zehntel (tel heißt so viel wie Teil). $\frac{1}{4} = 1 : 4$ (Bruchstrich heißt immer geteilt). Man hat also auch hier nur den 4. Teil von 1 Ganzen. Daraus ergibt sich, daß 1 Ganzes $\frac{4}{4}$ ist.

1. 1 Ganzes ist wieviel:

   Fünftel, Siebtel, Dreizehntel, Zwanzigstel, Zweiundvierzigstel?

2. Wie viele Ganze und Teile sind:

   $$\frac{9}{4}, \quad \frac{8}{3}, \quad \frac{16}{15}, \quad \frac{45}{22}, \quad \frac{26}{20}, \quad \frac{69}{17}, \quad \frac{220}{16}, \quad \frac{180}{13}$$

> Brüche kann man kürzen oder vereinfachen, ohne daß sich ihr Wert ändert, indem man beide Zahlen durch die gleiche Zahl teilt.

Beweis: $\frac{14}{30}$ gekürzt	$14 : 30 = 0,466 \ldots$
durch $2 = \frac{7}{15}$	$7 : 15 = 0,4666.$

3. Kürze: $\dfrac{12}{16}$, $\dfrac{25}{50}$, $\dfrac{21}{35}$, $\dfrac{48}{60}$, $\dfrac{120}{400}$,

$\dfrac{440}{620}$, $\dfrac{275}{325}$, $\dfrac{180}{365}$, $\dfrac{136}{144}$, $\dfrac{294}{378}$,

4. Wie viele Ganze und Teile sind:

$\dfrac{38}{24}$, $\dfrac{64}{12}$, $\dfrac{285}{40}$, $\dfrac{536}{8}$, $\dfrac{429}{11}$,

5. Verwandle in gemeine Brüche:

$3\dfrac{1}{2}$, $9\dfrac{2}{3}$, $1\dfrac{4}{5}$, $9\dfrac{7}{8}$, $11\dfrac{1}{4}$, $15\dfrac{8}{9}$, $17\dfrac{3}{4}$, $24\dfrac{10}{11}$

6. Verwandle in Dezimalbrüche:

$\dfrac{3}{7}$, $\dfrac{5}{9}$, $\dfrac{14}{35}$, $6\dfrac{5}{8}$, $4\dfrac{3}{4}$, $5\dfrac{11}{12}$, $13\dfrac{7}{25}$, $30\dfrac{12}{13}$

7. Brüche, die man wegen ihrer Häufigkeit wissen muß!

$$\dfrac{1}{2} = 0{,}5 \qquad \dfrac{1}{3} = 0{,}33 \qquad \dfrac{1}{4} = 0{,}25 \qquad \dfrac{3}{4} = 0{,}75$$

$$\dfrac{1}{5} = 0{,}2 \qquad \dfrac{1}{8} = 0{,}125$$

8. Rechne:

$$\dfrac{1}{0{,}5}, \quad \dfrac{1}{0{,}4}, \quad \dfrac{1}{0{,}35}, \quad \dfrac{1}{0{,}08}, \quad \dfrac{1}{0{,}16}, \quad \dfrac{1}{0{,}006}, \quad \dfrac{1}{0{,}057},$$

$$\dfrac{1}{0{,}03}, \quad \dfrac{1}{0{,}21}, \quad \dfrac{1}{0{,}143}, \quad \dfrac{1}{0{,}094}, \quad \dfrac{1}{0{,}425}, \quad \dfrac{1}{0{,}0175}, \quad \dfrac{1}{0{,}0675}$$

Hat man zu teilen $1 : \dfrac{1}{4}$ oder anders mit dem Hauptbruchstrich geschrieben $\dfrac{1}{\frac{1}{4}}$, so gibt es hiefür zwei Möglichkeiten:

a) Man verwandelt $\frac{1}{4}$ in einen Dezimalbruch und erhält $1 : 0,25 = 4$.

b) Man sagt: 1 Ganzes ist $\frac{4}{4}$ oder $4 \cdot \frac{1}{4}$

        1 Viertel ist $\qquad 1 \cdot \frac{1}{4}$

Es ergibt sich: $\qquad \dfrac{4 \cdot \frac{1}{4}}{1 \cdot \frac{1}{4}}$

Kürzt man durch $\frac{1}{4}$, so bleibt übrig:

$$\frac{4}{1} = 4 : 1 = 4$$

Merke:

> Wird 1 durch einen Bruch geteilt, so ist das Ergebnis immer der umgekehrte Wert des Teilers.

Es ist also:

$$\frac{1}{\frac{1}{5}} = 5 \qquad \frac{1}{\frac{3}{4}} = \frac{4}{3} \qquad \frac{1}{\frac{6}{13}} = \frac{13}{6}$$

9. Rechne:

$$\frac{1}{\frac{1}{7}}, \quad \frac{1}{\frac{1}{9}}, \quad \frac{1}{\frac{2}{5}}, \quad \frac{1}{\frac{7}{8}}, \quad \frac{1}{\frac{5}{12}}, \quad \frac{1}{\frac{9}{20}}$$

$$\frac{1}{2\frac{1}{3}}, \quad \frac{1}{5\frac{1}{8}}, \quad \frac{1}{3\frac{2}{5}}, \quad \frac{1}{4\frac{6}{7}}, \quad \frac{1}{9\frac{3}{4}}, \quad \frac{1}{7\frac{5}{9}}$$

Die Umwandlung von Brüchen wird so ausführlich behandelt, da die Berechnung von parallelgeschalteten Widerständen $\left(\text{Formel:} \dfrac{1}{R} = \dfrac{1}{R_1} + \dfrac{1}{R_2} + \dfrac{1}{R_3} + \cdots\right)$ die unbedingte Beherrschung des Bruchrechnens voraussetzt.

Hat man ungleichnamige Brüche, z. B. Drittel, Fünftel und Siebtel zusammenzuzählen, so müssen sie erst gleichnamig gemacht werden, weil man auch beim Rechnen mit Brüchen nur Gleichartiges zusammenzählen kann. Umgekehrt kann auch nur Gleichartiges von Gleichartigem abgezogen werden.

Gleichnamige Brüche: $\dfrac{1}{5} + \dfrac{1}{5} + \dfrac{1}{5} = \dfrac{3}{5}$

Ungleichnamige Brüche: $\dfrac{1}{5} + \dfrac{1}{6} + \dfrac{1}{10} = \dfrac{?}{?}$

Um Fünftel, Sechstel und Zehntel gleichnamig machen zu können, muß man sich nach einer Zahl umsehen, in der alle 3 Größen als Mal-Größen enthalten sind. Diese Zahl ist 30.

1 Ganzes ist $\dfrac{30}{30}$.

$\dfrac{1}{5}$ ist dann der 5. Teil von $\dfrac{30}{30} = \dfrac{6}{30}$

$\dfrac{1}{6}$ » » » 6. » » $\dfrac{30}{30} = \dfrac{5}{30}$

$\dfrac{1}{10}$ » » » 10. » » $\dfrac{30}{30} = \dfrac{3}{30}$

Nun kann man zusammenzählen:

$$\dfrac{6}{30} + \dfrac{5}{30} + \dfrac{3}{30} = \dfrac{14}{30}$$

$$= \dfrac{7}{15}$$

Merke:

$\dfrac{1}{R}$ ist der Leitwert des Ersatzwiderstandes, gemessen in Siemens (S),

R ist der Ersatzwiderstand, gemessen in Ohm (Ω).

Ist nun $\dfrac{1}{R} = 5$ (S) und ist gefragt, wie groß R ist, so ist R die Gesuchte (Lösung nach den Merkpunkten):

$$\frac{1}{R} = 5 \text{ S}$$

$$\frac{1}{5} = R$$

$$R = \frac{1}{5} \, \Omega$$

Ist nun:

$$\frac{1}{R} = \frac{11}{12} \text{ S}$$

und R ist gesucht, so erhält man:

$$\frac{1}{11} = \frac{R}{12}$$

$$\frac{1 \cdot 12}{11} = R$$

$$R = \frac{12}{11} \, \Omega$$

Vergleiche:

$$\frac{11}{12} \text{ S} = \frac{12}{11} \, \Omega$$

Merke:

$$\text{Ist } \frac{1}{R} = \frac{11}{12} \text{ S, so ist } R \text{ der umgekehrte}$$
$$\text{Wert, also } \frac{12}{11} \ \Omega$$

Musterbeispiel 1: Zwei Widerstände von $\frac{1}{3}$ Ω und $\frac{1}{5}$ Ω sind parallelgeschaltet. Wie groß ist der Ersatzwiderstand R?

$$\left(\text{Grundformel: } \frac{1}{R} = \frac{1}{R_1} + \frac{1}{R_2}\right)$$

Lösung: Gesucht: R

$$\text{Gegeben: } R_1 = \frac{1}{3}\Omega$$

$$R_2 = \frac{1}{5}\Omega$$

$$\frac{1}{R} = \frac{1}{R_1} + \frac{1}{R_2}$$

$$= \frac{1}{\frac{1}{3}} + \frac{1}{\frac{1}{5}}$$

$$= 3 + 5$$

$$\frac{1}{R} = 8 \text{ S}$$

$$\frac{1}{8} = R$$

$$R = \frac{1}{8} \Omega$$

Musterbeispiel 2: Von 2 parallelgeschalteten Widerständen ist $R_1 = 4\ \Omega$ und der Ersatzwiderstand $R = 2\frac{2}{5}\,\Omega$. Berechne R_2!

$$\left(\text{Grundformel:} \quad \frac{1}{R} = \frac{1}{R_1} + \frac{1}{R_2}\right)$$

Lösung: Gesucht: $\qquad R_2$

Gegeben: $\qquad R_1 = 4\,\Omega$

$$R = 2\frac{2}{5}\,\Omega$$

$$\frac{1}{R} = \frac{1}{R_1} + \frac{1}{R_2}$$

$$\frac{1}{R} - \frac{1}{R_1} = \frac{1}{R_2}$$

$$\frac{1}{R_2} = \frac{1}{R} - \frac{1}{R_1}$$

$$= \frac{1}{2\frac{2}{5}} - \frac{1}{4}$$

$$= \frac{1}{\frac{12}{5}} - \frac{1}{4}$$

$$= \frac{5}{12} - \frac{1}{4}$$

$$= \frac{5}{12} - \frac{3}{12}$$

$$\frac{1}{R_2} = \frac{2}{12}\ \text{S}$$

$$R_2 = \frac{12}{2}\,\Omega$$

$$\boldsymbol{R_2} = \mathbf{6}\ \boldsymbol{\Omega}$$

Um den Vorteil des Bruchrechnens zu zeigen, wird die gleiche Aufgabe nun mit Dezimalzahlen gerechnet:

$$\frac{1}{R_2} = \frac{1}{R} - \frac{1}{R_1}$$

$$= \frac{1}{2\frac{2}{5}} - \frac{1}{4}$$

$$= \frac{1}{2,4} - \frac{1}{4}$$

$$= 0,417 - 0,25$$

$$\frac{1}{R_2} = 0,167$$

$$\frac{1}{0,167} = R_2$$

$$R_2 = \frac{1}{0,167}$$

$$R_2 = 5,98\ \Omega$$

$$\mathbf{R_2 = 6\ \Omega}$$

Nebenrechnungen:

$1 \qquad : 2,4 \quad =$

$100 \qquad : 24 \quad = 0,4166$
$\quad 40$
$\quad 160$
$\quad\ 160$

$0,417 - 0,25 = 0,167$

$1 \qquad : 0,167 =$
$1000 \quad :\ \ 167 = 5,98$
$\quad 1650$
$\quad 1470$
$\quad\ 134$

Ob es einfacher ist mit Dezimalbrüchen oder gemeinen Brüchen zu rechnen, hängt von den gegebenen Zahlenwerten ab und muß deshalb vor der Lösung der Aufgabe überlegt und dann einheitlich durchgeführt werden. Doch ist meist dem Bruchrechnen der Vorzug zu geben, selbst, wenn im ersten Augenblick das Gleichnamigmachen der Brüche schwierig erscheint.

Hat man z. B. $\frac{1}{13}$ und $\frac{1}{17}$ zusammenzuzählen, so ist die Zahl, in der 13 und 17 enthalten ist, durch Überlegen sehr schwer zu finden, sehr leicht dagegen, wenn man 13 und 17 miteinander vervielfacht. $13 \cdot 17 = 221$.

Wenn nun ein Ganzes $\frac{221}{221}$ ist, so muß $\frac{1}{13}$ der

13. Teil davon, also $\frac{17}{221}$ sein, nachdem ja $13 \cdot 17$

$= 221$ ist. Es ist deshalb auch $\frac{1}{17}$ gleich $\frac{13}{221}$.

10. Bestimme R, wenn gegeben die Grundformel für Parallelschaltung:

$$\frac{1}{R} = \frac{1}{R_1} + \frac{1}{R_2} + \frac{1}{R_3}$$

ferner:

	R_1	R_2	R_3
a)	$2\,\Omega$	$5\,\Omega$	$4\,\Omega$
b)	$7\,\Omega$	$3\,\Omega$	$6\,\Omega$
c)	$10\,\Omega$	$12\,\Omega$	$15\,\Omega$
d)	$6\,\Omega$	$8\,\Omega$	$7\,\Omega$
e)	$25\,\Omega$	$10\,\Omega$	$50\,\Omega$
f)	$12\,\Omega$	$25\,\Omega$	$30\,\Omega$
g)	$\frac{1}{5}\,\Omega$	$\frac{1}{4}\,\Omega$	$\frac{1}{10}\,\Omega$
h)	$\frac{1}{14}\,\Omega$	$\frac{1}{6}\,\Omega$	$\frac{1}{7}\,\Omega$
i)	$\frac{1}{2}\,\Omega$	$\frac{3}{4}\,\Omega$	$\frac{2}{5}\,\Omega$
k)	$\frac{2}{7}\,\Omega$	$\frac{3}{5}\,\Omega$	$\frac{5}{8}\,\Omega$
l)	$\frac{5}{6}\,\Omega$	$\frac{2}{3}\,\Omega$	$\frac{6}{12}\,\Omega$
m)	$4\frac{1}{2}\,\Omega$	$3\frac{1}{3}\,\Omega$	$3\frac{3}{4}\,\Omega$

n)	$0,5\ \Omega$	$\frac{2}{5}\ \Omega$	$4\ \Omega$
o)	$1\frac{1}{2}\ \Omega$	$0,75\ \Omega$	$0,8\ \Omega$
p)	$2,16\ \Omega$	$0,84\ \Omega$	$5\ \Omega$
q)	$152\ \Omega$	$400\ \Omega$	$270\ \Omega$
r)	$12,7\ \Omega$	$9,08\ \Omega$	$6,22\ \Omega$
s)	$800\ \Omega$	$1200\ \Omega$	$750\ \Omega$
t)	$14,7\ \Omega$	$0,885\ \Omega$	$3\frac{1}{8}\ \Omega$

11. Gegeben:

$$\frac{1}{R} = \frac{1}{R_1} + \frac{1}{R_2}$$

Gesucht: R_2, ferner

	R	R_1
a)	$2\ \Omega$	$5\ \Omega$
b)	$13\ \Omega$	$17\ \Omega$
c)	$\frac{1}{2}\ \Omega$	$1\frac{2}{5}\ \Omega$
d)	$48,7\ \Omega$	$63,29\ \Omega$
e)	$0,8\ \Omega$	$0,98\ \Omega$
f)	$6400\ \Omega$	$12600\ \Omega$
g)	$\frac{1}{2}\ \Omega$	$\frac{3}{4}\ \Omega$

12. Von 3 parallelgeschalteten Widerständen ist $R_1 = 10\ \Omega$, $R_2 = 20\ \Omega$ und der Ersatzwiderstand $R = 5,88\ \Omega$. Bestimme R_3!

$$\left(\frac{1}{R} = \frac{1}{R_1} + \frac{1}{R_2} + \frac{1}{R_3} \right)$$

13. 4 Widerstände von je $\frac{3}{4} \, \Omega$ sind parallelgeschaltet. Berechne den Ersatzwiderstand R!

$$\left(\frac{1}{R} = \frac{1}{R_1} + \frac{1}{R_2} + \frac{1}{R_3} + \frac{1}{R_4} \right)$$

14. Von zwei parallelgeschalteten Widerständen
ist der eine 84 Ω. Wie groß ist der andere,
wenn der Ersatzwiderstand $R = 28 \, \Omega$ ist?

$$\left(\frac{1}{R} = \frac{1}{R_1} + \frac{1}{R_2} \right)$$

VIII. Übersicht über Maßeinheiten bei Längen-, Flächen- und Körperberechnungen

Maßeinheiten	Längenberechn. m—dm—cm—mm	Flächenberechn. m²—dm²—cm²—mm²	Körperberechn. m³—dm³—cm³—mm³
Umrechnungszahl	10	100	1000
Stellensprung	1 Null oder 1 Dezimalstelle	2 Nullen oder 2 Dezimalstellen	3 Nullen oder 3 Dezimalstellen

Um Fehler zu vermeiden, schreite man beim Umrechnen stufenweise von einer Einheit zur nächsten.

Bei Überlegung obiger Übersicht kommt man für die Umrechnung von Maßeinheiten zu folgender leicht zu merkenden Erkenntnis:

1. Die Reihenfolge für die kleineren Einheiten ist bei Längen-, Flächen- und Körperberechnungen immer m — dm — cm — mm , nur ändert sich die hochgestellte Zahl.

2. Sollen z. B. dm² in eine größere oder kleinere Einheit umgerechnet werden, so sagt dieses »Hoch 2«, daß die Umrechnungszahl 100 (2 Nullen) ist, daß also auch der Stellensprung 2 Nullen oder 2 Dezimalstellen nach rechts oder links sein muß.

Beispiele:

$3\,m = 30\,dm$	$3\,m^2 = 300\,dm^2$	$3\,m^3 = 3000\,dm^3$
$= 300\,cm$	$= 30000\,cm^2$	$= 3000000\,cm^3$
$2,8\,mm = 0,28\,cm$	$2,8\,mm^2 = 0,028\,cm^2$	$2,8\,mm^3 = 0,0028\,cm^3$
$= 0,028\,dm$	$= 0,00028\,dm^2$	$= 0,0000028\,dm^3$
$645\,dm = 64,5\,m$	$645\,dm^2 = 6,45\,m^2$	$645\,dm^3 = 0,645\,m^3$
$8700\,mm = 870\,cm$	$8700\,mm^2 = 87\,cm^2$	$8700\,mm^3 = 8,7\,cm^3$
$= 87\,dm$	$= 0,87\,dm^2$	$= 0,0087\,dm^3$
$= 8,7\,m$	$= 0,0087\,m^2$	$= 0,0000087\,m^3$

Übungsaufgaben:

1. a)   4,7 dm   = ? mm   2.   0,24 mm² = ? dm²

   b)   0,84 cm   = ? m   750 cm²   = ? m²

   c)   32 m   = ? cm   6,4 m²   = ? cm²

   d)   8542 mm   = ? m   0,08 dm²   = ? m²

   e)   0,008 dm   = ? cm   7450 mm²   = ? dm²

   f)   7,4 m   = ? mm   26,02 cm²   = ? m²

3. a) 0,0645 m³   = ? dm³   4. 84000 mm   = ? m

   b)   2,748 dm³   = ? m³   2,6 m²   = ? cm²

   c)   0,056 cm³   = ? dm³   39 mm³   = ? dm³

   d)   6485 mm³   = ? m³   4,7 cm   = ? mm

   e)   840 cm³   = ? mm³   68475 mm³   = ? m³

   f)   8 mm³ = ? dm³   0,09 m²   = ? dm²

Merke:

Man kann nur gleiche Maßeinheiten zu gleichen zählen oder voneinander abziehen!

Man kann nur gleiche Maßeinheiten mit gleichen vervielfachen oder durch gleiche teilen!

---

5. 8 cm + 5 dm + 40 mm   6. 7 m — 4863 mm

7. 0,62 dm + 0,04 m   8. 0,44 dm — 17,8 mm
    + 0,85 cm

9. 45 dm² — 643 cm²   10. 0,09 m³ — 671,04 cm³

11. 385 mm · 0,069 m   12. 71,04 cm · 0,3 m

13. 43 cm² · 0,00734 dm   14. 0,098 m · 0,067 cm

15. 26,3 dm² · 0,086 m   16. 0,531 cm² · 0,049 m

17. 8400 mm² · 7 m   18. 55,07 m² · 0,0091 dm

19. 74,25 m³ : 81 dm   20. 0,847 dm³ : 63 mm

21. 0,75 cm³ : 0,4 m   22. 38,9 dm³ : 240 cm

IX. Flächenberechnungen

Es werden nur die Flächen berechnet, die für das Handwerk praktische Bedeutung haben.
Grundsätzlich ist zu merken, daß das Resultat jeder Flächenberechnung immer mit »Quadrat = Einheit« (m², dm², cm², mm²) zu bezeichnen ist, daß also jeder Flächeninhalt (F) zum Unterschied von einer Länge oder einem Rauminhalt sofort an dieser Maßbezeichnung erkenntlich ist.

Quadrat.

Wird die Seite mit a, die Fläche mit F bezeichnet, so erhält man folgende Merkformel:

$$\text{Fläche} \quad = \quad \text{Seite} \quad \cdot \quad \text{Seite}$$
$$F \quad = \quad a \quad \cdot \quad a$$

$$\boxed{F \quad = \quad a^2}$$

Ist nun die Fläche eines Quadrates gegeben und die Länge einer Seite gesucht, so ergibt sich durch Umstellen:

$$F \quad = \quad a^2$$
$$a^2 \quad = \quad F$$
$$a \quad = \quad \sqrt{F}$$

Im Gegensatz zu F ist a eine Länge und erhält also als Maßbezeichnung m (dm, cm, mm) entsprechend der Maßeinheit in der die Fläche gegeben ist.

$$\boxed{F \text{ in mm}^2 \text{ ergibt } a \text{ in mm}}$$

Aufgaben:

1. Berechne die Fläche eines Quadrates mit der Seite

   $a = 0{,}42$ cm (512 mm, 4,07 m, $3\frac{1}{4}$ dm).

2. Wie groß ist die Seite eines Quadrates, wenn die Fläche

   $F = 225$ mm² (400 m², 122,8 cm², 895 dm²) ist?

3. Berechne den Querschnitt eines Quadratstahles in dm², wenn

   $a = 250$ mm ist!

Rechteck.

Fläche	=	Grundlinie		Höhe
F	$=$	g	$\cdot$	h

1. Stelle die Formel um!

2. Bestimme die Fläche eines Rechteckes, wenn:

   $g = 22$ mm (436 mm, 5,4 m, 28,7 dm, 0,95 dm),

   $h = 17$ mm (2,7 cm, 75 cm, 9436 cm, 0,85 cm).

3. Bestimme die Grundlinie g, wenn:

   $F = 490$ mm² (31,5 dm², 0,0864 dm²),

   $h = 14$ mm (875 mm, 24 mm).

4. Bestimme die Höhe h, wenn:

   $F = 4{,}56$ dm² (77000 cm², 0,004 m²),

   $g = 48$ cm (3,08 dm, 80 mm).

Kreisberechnungen.

$$F = \frac{d^2 \cdot \pi}{4}$$

1. Stelle die Grundformel um!

2. Berechne folgende Rundkupferquerschnitte!
   a) Durchmesser = 8 mm,
   b)   »   = 24 mm,
   c)   »   = 32 mm.

3. Bestimme den Durchmesser folgender Leitungs-
   querschnitte:

   2,5 mm², 4 mm², 10 mm², 50 mm², 120 mm².

4. Berechne den Querschnitt eines Chromnickel-
   drahtes mit $d = 0,08$ (0,15, 0,40) mm!

5. Wie groß ist die Grundfläche eines Rundstahl-
   stabes mit einem Durchmesser von 8 (60,
   150) mm?

X. Körperberechnungen

Würfel.

Die Einheit des Körpermaßes ist das Kubikmeter (m^3).

Wie beim Flächenmaß $m \cdot m \quad = m^2$ ist, so ist beim Körpermaß $m \cdot m \cdot m = m^3$.

Der Rauminhalt oder, wie man auch sagt, das Volumen wird mit dem Buchstaben V bezeichnet und die Kantenlänge des Würfels mit dem Buchstaben a.

Als Merkformel ergibt sich deshalb:

$$V \; = \; a \; \cdot \; a \; \cdot \; a$$

$$\boxed{V \; = \; a^3}$$

1. Wie groß ist der Rauminhalt eines Würfels mit einer Kantenlänge von: 12 cm, 4,7 dm, 0,84 mm, 4,08 cm ?

Rechtecker.

Volumen = Grundfläche · Höhe

$$\boxed{V \quad = \qquad F \quad \cdot \quad h}$$

Zusammengehörige Maßeinheiten:

$$
\begin{aligned}
m^3 &= m^2 \cdot m \\
dm^3 &= dm^2 \cdot dm \\
cm^3 &= cm^2 \cdot cm \\
mm^3 &= mm^2 \cdot mm.
\end{aligned}
$$

Achte auf gleichartige Maßeinheiten! Man kann z. B. nur m^2 mit m vervielfachen und m^3

nur durch m^2 oder m teilen. Sind verschiedene Maßeinheiten gegeben, so wählt man zum Ausrechnen diejenige, die rechnerisch die einfachsten Werte ergibt!

Ist beispielsweise gegeben: $V = 0{,}085 \, m^3$ und $h = 50 \, cm$, so verwandelt man am besten wie nachfolgend gezeigt:

Gegeben: $V \quad = \quad 0{,}085 \, m^3 \quad = \quad 85 \, dm^3,$

$\qquad \quad h \quad = \quad 50 \, cm \quad = \quad 5 \, dm.$

Aufgaben:

1. Stelle die Formel um: $V = F \cdot h$.

2. Berechne das Volumen einer Sammelschiene mit einem rechteckigen Querschnitt von 15 mm × 80 mm und einer Länge von 6,75 m!

3. Wie groß ist der lichte Rauminhalt eines Akkumulatorengefäßes mit nachfolgenden Innenmaßen: 83 mm, 58 mm, 165 mm.

4. Das Volumen eines Rechteckes ist 7,2 dm³, die Grundfläche 120 mm · 150 mm. Berechne die Höhe in mm!

Walze.

Volumen $=$ Grundfläche $\cdot$ Höhe

$$V \quad = \quad F \quad \cdot \quad h$$

Die Berechnung der Walze besitzt für den Elektriker erhöhte Bedeutung, weil darnach der Rauminhalt eines Drahtes ermittelt wird. Dabei ist der Querschnitt $\left(F = \dfrac{d^2 \cdot \pi}{4} \right)$ als Grundfläche und die Länge des Drahtes als Höhe anzusehen.

1. Berechne das Volumen eines Kupferdrahtes, wenn gegeben ist:

a)	2,5 mm²	0,75 m
b)	4 mm²	8,50 m
c)	6 mm²	45,00 m
d)	35 mm²	120,00 m
e)	150 mm²	10,25 m
f)	800 mm²	0,850 km.

2. Aus 2500 cm³ Aluminium soll ein Draht von 16 mm² Querschnitt hergestellt werden. Wie lang wird dieser Draht?

3. Berechne das Volumen eines Neusilberdrahtes mit einer Stärke von 0,25 mm und einer Länge von 50 m!

XI. Gewichtsberechnungen

Das Gewicht eines Körpers kann berechnet werden, wenn man den Werkstoff und das Volumen kennt.

Einheitsgewicht (Wichte oder früher auch spezifisches Gewicht) ist das Gewicht der Volumeneinheit.

Beispiele:

Kupfer $\quad \gamma = 8,9$ g/cm³ oder 8,9 kg/dm³.

Aluminium $\gamma = 2,7$ g/cm³ oder 2,7 kg/dm³.

Aufgaben:

1. Stelle die Formel $G = V \cdot \gamma$ um!

2. Berechne das Gewicht eines Rundstahles, wenn $d = 50$ mm, $h = 32,8$ cm und $\gamma = 7,8$ ist! (Zur Lösung dieser Aufgabe sind erstmals 3 Formeln notwendig: Man schreibt erst die Formel $G = V \cdot \gamma$ an, sieht dann aber, daß V nicht gegeben, aber aus den Formeln $F = \dfrac{d^2 \cdot \pi}{4}$ und $V = F \cdot h$ errechnet werden kann.)

3. Berechne das Gewicht eines Kupferdrahtes mit einem Durchmesser von 2,3 mm und einer Länge von 40 m ($\gamma = 8,9$)!

4. Bestimme das Gewicht einer Aluminium-Sammelschiene von 80 mm $\cdot$ 10 mm und einer Länge von 8,5 m. ($\gamma = 2,7$)

5. Eine Rolle Aluminiumdraht mit 35 mm² wiegt

47,25 kg ($\gamma = 2{,}7$). Wieviel Meter Draht sind auf der Rolle?

6. Wie groß ist das Gewicht eines Nickelinbandes mit einem Querschnitt von 20 mm · 1,2 mm und einer Länge von 75 cm ($\gamma = 8{,}88$)

7. 50 m Eisendraht haben ein Gewicht von 76,4 g. Bestimme die Stärke des Eisendrahtes, wenn $\gamma = 7{,}8$!

XII. Prozentrechnungen

Bei Prozentrechnungen muß man unterscheiden:

ob 1. die % gegeben sind und man diese auszurechnen hat, z. B. 5% von 380 oder

ob 2. nach den % gefragt ist, z. B. wieviel %
sind . . . . . ?

Prozent bezieht sich immer auf 100 und wird
verdeutscht durch die Redewendungen »von 100«,
»für 100«, »auf 100«.

Hat man zu rechnen: 5% von 380, so sucht
man erst 1%. Das ist der 100. Teil, weil Prozent
von 100 heißt. Man teilt durch 100, indem man
das Komma um 2 Stellen nach links rückt oder, wie
man kürzer sagt, indem man 2 Stellen abstreicht.
So ist also 1% von 380 = 3,80. 5% sind dann
5 mal so viel: $3,80 \cdot 5 = 19$. 5% von 380 = 19.

In der Elektrotechnik wird der Spannungsver-
lust oder, wie man auch sagt, der Spannungsabfall
(U_v) immer in % angegeben und von der Spannung (U) berechnet. Die Maßbezeichnung für
den Spannungsabfall ist Volt (V) entsprechend der
Maßbezeichnung der Spannung.

1. Wie groß ist der Spannungsabfall in Volt, wenn
er beträgt:

a) $\frac{1}{2}$ % von 110 V, 220 V, 380 V, 440 V, 6000 V.

b) $\frac{3}{4}$ % von 110 V, 220 V, 380 V, 440 V, 6000 V.

c) 1,25% von 110 V, 220 V, 380 V, 440 V, 6000 V.

d) 2,5 % von 110 V, 220 V, 380 V, 440 V, 6000 V.

e) 4,8 % von 110 V, 220 V, 380 V, 440 V, 6000 V.

Weiß man, daß man bei 220 V Spannung 9,9 V Spannungsabfall hat und ist gefragt, wieviel % das sind, so muß man rechnen:

Bei 220 V hat man 9,9 V Spannungsabfall.

»   1 V   »   »   nur den 220. Teil von 9,9 V
                       = 0,045 V,

»   100 V   «   »   aber 100 mal so viel
                       = 4,5 V.

Wenn man bei 100 V 4,5 V Spannungsabfall hat, so kann man dafür auch sagen: Der Spannungsabfall beträgt 4,5%.

2. Bei 220 V hat man 4,3 V (6,5 V, 2 V, 4,75 V). Wieviel % beträgt der Spannungsabfall?

3. Bei 110 V hat man 3,5 V (2,6 V, 5 V, 7,34 V). Wieviel % beträgt der Spannungsabfall?

4. Bei 40 V hat man 2,7 V (0,8 V, 4 V, 5,12 V). Wieviel % beträgt der Spannungsabfall?

5. Aus 820 t Bleiglanz werden 645,5 t Blei gewonnen. Wieviel % sind das?

6. Aus 285 t Kupfererz erhält man 204,7 t reines Kupfer. Wieviel % reines Kupfer enthielt das Erz?

XIII. Übungsaufgaben

1. Wie groß ist der Wirkungsgrad eines Elektromotors, wenn die zugeführte Leistung 2,6 kW, die abgegebene 2250 W ist? (6)

2. Bei Parallelschaltung ist $R = 0,26\ \Omega$ und $R_2 = 0,4\ \Omega$. Wie groß ist R_1? (15)

3. Wieviel Ω sind 2,73 MΩ?

4. Welche mechanische Arbeit wird geleistet, wenn eine Last von 250 kg $4\frac{1}{2}$ m gehoben wird? (4)

5. Ein Elektromotor macht 1200 Umdr./min. Er hat mit einer Antriebsscheibe von 110 mm Durchmesser eine Transmission, die 150 Umdr. je min machen soll, anzutreiben. Gesucht ist der Durchmesser der getriebenen Scheibe. (10)

6. $\frac{1}{R} = 250$ Siemens. ? Ω.

7. Berechne den Querschnitt einer 0,50 m langen Aluminiumschiene, deren Gewicht 675 g beträgt! $\gamma = 2,7$.

8. Die Netzspannung ist 380 V, der Spannungsabfall 5,6 V. Wieviel Prozent sind das?

9. Wieviel mV sind 0,0007 V?

10. Stelle die Formel für Drehstromleistung um! $N = U \cdot I \cdot \lambda \cdot 1,73$

11. Wie groß ist der Widerstand der Magnetwicklung eines Gleichstrommotors, die bei 12,2 A 2,1 kW aufnimmt? (2b)

12. Wie groß ist der Gesamtwiderstand R von 3 hintereinander geschalteten Widerständen mit 0,8 Ω, $\frac{1}{2}$ Ω und $3\frac{1}{3}$ Ω? (14)

13. Eine Spule von 3,5 Ω wird an eine Batterie von 4 V angeschlossen. Welcher Strom fließt durch die Spule? (1)

14. Berechne den Querschnitt eines 0,14 mm starken Kupferdrahtes! (8)

15. Eine Winde hat eine Arbeit von 520 kgm zu leisten. Wie groß ist der Seilweg, wenn das Seil mit einer Kraft von 104 kg gezogen wird? (4)

16. Welchen Widerstand muß ein elektr. Ofen haben, damit durch ihn bei 220 V 6 A hindurchfließen? (1)

17. Der Spannungsabfall darf nach den Vorschriften eines Elektrizitätswerkes bei 110 V 2,5% betragen. Wieviel Volt sind das?

18. 10,4 kW sind wieviel PS?

19. Berechne die Oberfläche eines Würfels mit einer Kantenlänge von 14,7 cm in dm²!

20. Die Drehzahl n der Riemenscheibe eines Elektromotors beträgt in der Minute 1060/min, der Durchmesser 80 mm. Wieviel m/s ist die Umfangsgeschwindigkeit? (9)

21. Der Querschnitt eines Kupferdrahtes ist 0,1964 mm². Bestimme die Stärke des Drahtes! (8)

22. 40 mW sind wieviel W?

23. Berechne den Widerstand eines 0,8 mm starken Aluminiumdrahtes mit einer Länge von 1,5 km! ($\varrho = 0,03$). (8 und 9)

24. Ein Generator hat einen Wirkungsgrad von 0,9 und nimmt 78,2 kW auf. Wie groß ist die Leistung in kW? (6)

25. $\frac{1}{4}$ mA ist wieviel A?

26. Ein Elektromotor mit 900 Umdr./min treibt mittels Zahnradübersetzung eine Arbeitsmaschine an. Das Zahnrad des Elektromotors hat 12 Zähne, das der Arbeitsmaschine 36. Wieviel Umdr./min macht die Arbeitsmaschine? (11)

27. 66,5 kW sind wieviele PS?

28. Ein Gleichstrommotor läuft bei 110 V und 3,6 A. Berechne seine Leistung in kW! (2a)

29. $R_1 = 2\,\Omega$ und $R_2 = 0,8\,\Omega$. Wie groß ist der Gesamtwiderstand in Ω bei Hintereinanderschaltung? (14)

30. Wie groß ist die Stromstärke eines elektrischen Geschirrwärmers für 1200 W und 220 V? (2a)

31. 3,2 Ω sind wieviel S?

32. Wieviel Meter Kupferdraht mit einem Querschnitt von 1,5 mm² sind auf einer Rolle mit einem Gewicht von 2,670 kg? ($\gamma = 8,9$)

33. Wieviele kWh verbraucht ein Hochdruck-Heißwasserspeicher bei einer Benützung von 40 min und einer Wattaufnahme von 1500 W? (3)

34. Wie groß ist der Widerstand eines 1,2 mm starken und 25 m langen Konstantandrahtes, wenn der spez. Widerstand 0,49 ist? (8 und 7)

35. 2,5 MΩ sind wieviele Ω?

36. Von 2 parallel geschalteten Widerständen ist der eine 3,75 Ω und der Ersatzwiderstand 1,5 Ω. Wie groß ist der 2. Widerstand? (15)

37. Eine Formel aus der Wärmelehre heißt: Wärmemenge = Gewicht · Temperaturzunahme · Einheitswärme. In Buchstaben: $Q = G \cdot t \cdot c$. Stelle die Formel um!

5*

38. 0,75 PS sind wieviel Watt?

39. Ein Elektromotor nimmt 5,2 kW auf. Sein Wirkungsgrad ist 86%. Wie groß ist die abgegebene Leistung?

40. Wieviel Meter Neusilberdraht mit einem Durchmesser von 2 mm sind notwendig, um einen Widerstand von 50 Ω zu erhalten? ($\varrho = 0,3$) (8 und 7)

41. Berechne den Querschnitt einer 10 m langen Stahlschiene mit einem Gewicht von 375 kg und einem Einheitsgewicht von 7,8!

42. Wie groß ist die Last, die bei einer mechanischen Arbeit von 25900 kgm 35 m hoch gehoben wird? (4)

43. 0,032 Ω sind wie viele Siemens?

44. Aus welchem Material ist eine 165 m lange Leitung mit einem Querschnitt von 1,5 mm^2 und einem Widerstand von 3,3 Ω? (7)

45. Schreibe als Dezimalbruch an:
    a) 2 h 30 min   b) 4 h 12 min   c) 45 min
    d)   18 min   e)   20 min   f) 5 min

46. Wieviel Stunden und Minuten sind:
    a) 0,25 h   b) 0,8 h   c) 1,35 h
    d) 2,08 h   e) 4,7 h   f) 0,952 h

47. Eine Hochleistungs-Kochplatte mit 1800 W ist 5 h und 20 min in Betrieb. Wieviel kWh verbraucht sie? (3)

48. Ein Elektromotor macht 1200 Umdr./min. Er hat mit einer Antriebsscheibe von 110 mm Durchmesser eine Transmission mit 240 Umdr./min anzutreiben. Wie groß ist der Durchmesser der Getriebenen? (10)

49. Wieviele Stunden und Minuten darf ein Hammer-Lötkolben mit 300 W in Betrieb sein,

damit er nicht mehr als 0,5 kWh verbraucht?
(3)

50. Zwischen den Enden einer Leitung von 24 Ω
Widerstand ergibt sich ein Spannungsunter-
schied von 162 V. Bestimme die Stromstärke!
(1)

51. 86000 mm³ sind wie viele dm³?

52. Berechne die mechanische Leistung in kgm/s,
wenn die Kraft 500 kg, der Kraftweg 8 m und
die Zeit 10 s ist! (4 und 5)

53. Gegeben die Formel für die Berechnung des
Leitungsquerschnittes bei verzweigten Lei-
tungen:

$$F = \frac{2 \cdot \varrho}{U_v} \cdot (i_1 \cdot s_1 + i_2 \cdot s_2).$$

Wie muß die Formel umgestellt werden, wenn
der Spannungsabfall U_v gesucht ist?

54. Der Ersatzwiderstand von 2 parallel geschalteten Widerständen ist 5,464 Ω. Der eine der
beiden Widerstände ist 15,36 Ω. Wie groß ist
der andere? (15)

55. Ein 1,2-kW-Heizofen bleibt versehentlich $8\frac{1}{2}$ h
eingeschaltet. Wie groß ist der Schaden, wenn
eine kWh mit 15 Pfennigen zu berechnen ist?

56. Wie lang ist ein Nickelindraht mit einem Durchmesser von 0,7 mm, wenn sein Widerstand
1,09 Ω ist? $\varrho = 0,42$. (7)

57. 5410 A sind wieviele kA?

58. An welche Spannung muß ein Drehstrommotor
mit 15,5 A, einer abgegebenen Leistung von
7,2 kW und einem Leistungsfaktor $\lambda = 0,9$ angeschlossen werden, wenn $\eta = 0,8$ ist? (6 und
13)

59. Wie groß ist die mechanische Leistung eines Aufzuges in PS, der 850 kg in 2 min 20 m hoch hebt ? (4 und 5)

60. Wieviel kW müssen dem elektr. Antriebsmotor für den Aufzug in Aufgabe Nr. 59 zugeführt werden, wenn der Wirkungsgrad des Aufzuges 0,65 ist ? (6)

61. 0,25 mA ist wieviel A ?

62. Wie lang ist ein Konstantandraht mit einer Stärke von 1,2 mm und einem Widerstand von 10,8 Ω ? $\varrho = 0,48$ (8 und 7)

63. Ein Motor mit 2,2 kW zugeführter Leistung verbraucht in 1 Monat $=$ 24 Arbeitstage 350 kWh. Wieviel Stunden ist er täglich in Betrieb ? (3)

64. Wie hoch stellen sich die monatlichen Stromkosten für den in Aufgabe 63 angegebenen Motor, wenn 1 kWh mit 4 Pfennigen zu berechnen ist ?

65. Eine Spule mit einem Widerstand von 4,2 Ω verbraucht 0,508 kW. Berechne die Stromstärke! (2b)

66. 2 Widerstände mit 400 und 600 Ω sind a) hintereinander, b) parallel geschaltet. Berechne den Gesamtwiderstand für beide Schaltungen! (14 und 15)

67. Auf einem Würfel mit einer Kantenlänge von 120 mm soll eine 0,1 mm starke Silberschicht bei einer Stromstärke von 6 A galvanisch erzeugt werden. Wieviel g Silber werden ausgeschieden, wenn $\gamma = 10,5$ g/cm^3 ist ?

68. Wie lang dauert der Versilberungsvorgang in Aufgabe 67 ? (Zur Lösung siehe Definition von 1 A unter Kap. VI!)

69. Bei der Anlage eines Gleichstromläutwerkes wird ein Baumwollwachsdraht mit 450 m Länge und einem Kupferdurchmesser von 0,8 mm verwendet. Berechne den Widerstand der Leitung! (7)

70. Der Ersatzwiderstand von 3 parallel geschalteten Widerständen ist 0,34 Ω. Wie groß ist R_3, wenn $R_1 = 0,5\ \Omega$ und $R_2 = 2,7\ \Omega$? (15)

71. Ein Strommesser hat einen Widerstand von 4 mΩ und ist für einen Stromdurchgang von 25 A gebaut. Bestimme die Klemmenspannung am Instrument! (1)

72. Wie groß ist die Umdrehungszahl pro Minute einer Riemenscheibe mit einem Durchmesser von 180 mm, wenn die Umfangsgeschwindigkeit 16 m/s ist? (9)

73. $N = 1,1$ kW und $R = 44\ \Omega$. Bestimme U! (2b und 1)

74. Bei einer Spannung von 110 V ergibt sich ein Spannungsabfall von 1,7 V. Wieviel sind das %?

75. Wie groß ist der Leistungsfaktor λ eines Drehstrommotors mit 380 V und 8,3 A und einer Leistungsabgabe von 3,7 kW, dessen Wirkungsgrad 80% ist? (6 und 13)

XIV. Lösungen

III. Gleichungen mit Mal- und Geteilt-Größen

1. $U = \dfrac{N}{I}$

$I = \dfrac{N}{U}$

2. $N = \dfrac{A}{t}$

$t = \dfrac{A}{N}$

3. $P = \dfrac{A}{s}$

$s = \dfrac{A}{P}$

4. $N_a = \eta \cdot N_z$

$N_z = \dfrac{N_a}{\eta}$

5. $U = \dfrac{N}{I \cdot \lambda}$

$I = \dfrac{N}{U \cdot \lambda}$

$\lambda = \dfrac{N}{U \cdot I}$

6. $A = N \cdot t$

$t = \dfrac{A}{N}$

7. $l = \dfrac{R \cdot F}{\varrho}$

$\varrho = \dfrac{R \cdot F}{l}$

$F = \dfrac{l \cdot \varrho}{R}$

8. $d = \dfrac{v \cdot 60}{\pi \cdot n}$

$n = \dfrac{v \cdot 60}{d \cdot \pi}$

9. $n_1 = \dfrac{d_2 \cdot n_2}{d_1}$

$n_2 = \dfrac{n_1 \cdot d_1}{d_2}$

$d_1 = \dfrac{d_2 \cdot n_2}{n_1}$

$d_2 = \dfrac{n_1 \cdot d_1}{n_2}$

10. $n_1 = \dfrac{z_2 \cdot n_2}{z_1}$

$n_2 = \dfrac{n_1 \cdot z_1}{z_2}$

$z_1 = \dfrac{z_2 \cdot n_2}{n_1}$

$z_2 = \dfrac{n_1 \cdot z_1}{n_2}$

11. $U = \dfrac{N}{I \cdot \lambda \cdot 1{,}73}$

$I = \dfrac{N}{U \cdot \lambda \cdot 1{,}73}$

$\lambda = \dfrac{N}{U \cdot I \cdot 1{,}73}$

12. $R = 88\ \Omega$

13. $I = 0{,}27\ \text{A}$

14. $l = 163\ \text{m}$

15. $R = 13{,}1\ \Omega$

16. $I = 5{,}9\ \text{A}$

17. $N = 0{,}33\ \text{kW}$

18. $n_2 = 150\ \text{min}$

19. $n = 500\ \text{min}$

20. $N = 2728\ \text{W}$

21. $U = 110\ \text{V}$

22. $A = 510\ \text{Wh}$

23. $A = 212{,}5\ \text{kgm}$

24. $n_2 = 100\ \text{min}$

25. $R = 3\ \Omega$

26. $F = 2{,}75\ \text{mm}^2 =$
$\qquad\qquad 4\ \text{mm}^2$

27. $\eta = 0{,}83$

IV. Gleichungen mit Plus- und Minus-Größen

1. $R = 11{,}88\ \Omega$

2. $R_1 = 2{,}95\ \Omega$

3. $R_2 = 3{,}080\ \Omega$

4. $R_4 = 0{,}06\ \Omega$

V. Quadrieren und Wurzelziehen

1. 25	144	3600	8100
2. 2209	12100	193600	36000000
3. 7,84	22,09	0,1225	0,0064
4. 4,9	6,2	6,7	9,3
5. 7,1	8,5	12,8	12,3
6. 50	2,2	3,1	90
7. 6,9	10	20	2,7
8. $d = 7{,}1$	9,6	15	3,8
9. $I = 2{,}8$	3,7	12,8	90
10. $U = 400$	8	3,5	110

11. $I = \sqrt{\dfrac{N}{R}}$

$R = \dfrac{N}{I^2}$

12. $U = \sqrt{N \cdot R}$

$R = \dfrac{U^2}{N}$

13. $c = \sqrt{a^2 + b^2}$

$a = \sqrt{c^2 - b^2}$

$b = \sqrt{c^2 - a^2}$

14. $F =$ 10 mm²

15. $d =$ 6,7 mm

16. $c =$ 310 mm

17. $R =$ 49,3 Ω

18. $F =$ 491 mm²

19. $N =$ 358,4 W

20. $a =$ 347 mm

21. $d =$ 4,5 mm

22. $I =$ 2 A

VI. Elektr. Maßeinheiten

1.	7,42 V		0,084 V	
	9,86 V		0,00008 V	
2.	4200 mV		70 mV	
	456 300 mV		9 mV	
3.	8,42 kV		0,062 kV	
	0,0376 kV		0,00047 kV	
4.	9600 V		840 V	
	64 200 V		9,3 V	
5.	63 000 kΩ		620 kΩ	
	64,957 kΩ		48,100 kΩ	
6.	15 mW		360 mW	
	4 mW		0,07 mW	
7.	0,0074 kW		880 kW	
	9,4 kW		3,802 kW	

8.	82000 W	7070 W
	0,4 W	720000 W
9.	540 kgm/s	6,3 kgm/s
	30 kgm/s	375 kgm/s
10.	11,12 PS	0,66 PS
	0,1 PS	1,33 PS
11.	5372,8 W	61,824 W
	7028,8 W	2024 W
12.	4,74 PS	0,85 PS
	0,6 PS	41 PS
13.	0,566 kWh	84 kWh
	0,0002 kWh	0,037 kWh
14.	5332 kcal	8118400 kcal
	5872 kcal	430 kcal

VII. Rechnen mit Brüchen

1. $\dfrac{5}{5}, \dfrac{7}{7}, \dfrac{13}{13}, \dfrac{20}{20}, \dfrac{42}{42}.$

2. $2\dfrac{1}{4}, 2\dfrac{2}{3}, 1\dfrac{1}{15}, 2\dfrac{1}{22}, 1\dfrac{3}{10}, 4\dfrac{1}{17}, 13\dfrac{3}{4}, 13\dfrac{11}{13}.$

3. $\dfrac{3}{4}, \dfrac{1}{2}, \dfrac{3}{5}, \dfrac{4}{5}, \dfrac{3}{10}, \dfrac{22}{31}, \dfrac{11}{13}, \dfrac{36}{73}, \dfrac{17}{18}, \dfrac{7}{9}.$

4. $1\dfrac{7}{12}, 5\dfrac{1}{3}, 7\dfrac{1}{8}, 67, 39.$

5. $\dfrac{7}{2}, \dfrac{29}{3}, \dfrac{9}{5}, \dfrac{79}{8}, \dfrac{45}{4}, \dfrac{143}{9}, \dfrac{71}{4}, \dfrac{274}{11}.$

6. 0,43; 0,555; 0,4; 6,625; 4,75; 5,92; 13,24; 30,92.

8. 2, 2,5, 2,85, 12,5, 6,25, 166,66.., 17,54, 33,3, 4,76, 6,99, 10,64, 2,35, 57,14, 14,81,

9. $7, 9, \dfrac{5}{2}, \dfrac{8}{7}, \dfrac{12}{5}, \dfrac{20}{9}, \dfrac{3}{7}, \dfrac{8}{41}, \dfrac{5}{17}, \dfrac{7}{34}, \dfrac{4}{39},$
$\dfrac{9}{68}.$

10. a) $1\frac{1}{19}\ \Omega$, b) $1\frac{5}{9}\ \Omega$, c) $4\ \Omega$, d) $2\frac{22}{73}\ \Omega$,

e) $6\frac{1}{4}\ \Omega$, f) $6,4\ \Omega$, g) $0,05\ \Omega$, h) $0,04\ \Omega$

i) $0,17\ \Omega$, k) $0,15\ \Omega$, l) $0,21\ \Omega$, m) $1,27\ \Omega$,

n) $\frac{4}{19}\ \Omega$, o) $0,3\ \Omega$, p) $0,54\ \Omega$, q) $7,87\ \Omega$,

r) $2,9\ \Omega$, s) $294\ \Omega$, t) $1,9\ \Omega$.

11. a) $3\frac{1}{3}\ \Omega$, b) $55,25\ \Omega$, c) $\frac{7}{9}\ \Omega$, d) $216\ \Omega$,

e) $4,3\ \Omega$, f) $13000\ \Omega$, g) $1\frac{1}{2}\ \Omega$.

12. $50\ \Omega$.

13. $\frac{3}{16}\ \Omega$.

14. $42\ \Omega$.

VIII. Übersicht über Maßeinheiten bei Längen-, Flächen- und Körperberechnungen

1. a) 470 mm
   b) 0,0084 m
   c) 3200 cm
   d) 8,542 m
   e) 0,08 cm
   f) 7400 mm

2. a) 0,000024 dm²
   b) 0,075 m²
   c) 64000 cm²
   d) 0,0008 m²
   e) 0,745 dm²
   f) 0,002602 m²

3. a) 64,5 dm³
   b) 0,00275 m³
   c) 0,000056 dm³
   d) 0,000006485 m³
   e) 840000 mm³
   f) 0,000008 dm³

4. a) 84 m
   b) 26000 cm²
   c) 0,000039 dm³
   d) 47 mm
   e) 0,000068475 m³
   f) 9 dm²

5. 6,2 dm   6. 2,14 m   7. 1,105 dm

8. 2,62 cm   9. 38,57 dm²   10. 89,329 dm³

11. 265,65 cm²   12. 21,31 dm²   13. 3,1562 cm³

14. 0,657 cm²   15. 22,61 dm³   16. 2,6019 cm³
17. 58,8 dm³   18. 50,114 dm³   19. 9,166 m²
20. 1,344 dm²   21. 1,88 dm²   22. 1,62 dm²

IX. Flächenberechnungen
Quadrat

1. 0,1764 cm²   262144 mm²   16,5649 m²
   10,5625 dm²
2. 15 mm   20 m   11 cm   30 dm
3. 6,25 dm²

Rechteck

1. $g = \dfrac{F}{h}$ $h = \dfrac{F}{g}$

2. 374 mm²   11772 mm²   405 dm²   270,81 m²
   8,075 cm²
3. 35 mm   360 mm   36 mm
4. 9,5 cm   25 m   5 cm

Kreisberechnungen

1. $d = \sqrt{\dfrac{F \cdot 4}{\pi}}$

2. a) 50,27 mm²   b) 452,39 mm²   c) 804,25 mm²
3. 1,8 mm   2,3 mm   3,6 mm   8 mm   12,4 mm
4. 0,00503 mm²   0,0177 mm²   0,126 mm²
5. 50,27 mm²   2827,43 mm²   17671 mm²

X. Körperberechnungen
Würfel

1. 1728 cm³   103,823 dm³   0,592704 mm³
   67,917312 cm³

Rechtecker

1. $F = \dfrac{V}{h}$ $\qquad h = \dfrac{V}{F}$

2. 8,1 dm³ $\qquad$ 3. 794,31 cm³ $\qquad$ 4. 4 dm

Walze

1. a) 1,875 cm³ $\qquad$ b) 34 cm³ $\qquad$ c) 270 cm³
   d) 4,2 dm³ $\qquad$ e) 1537,5 cm³ f) 680 dm³

2. 156,25 m $\qquad$ 2,455 cm³

XI. Gewichtsberechnungen

1. $V = \dfrac{G}{\gamma}$ $\qquad \gamma = \dfrac{G}{V}$

2. 5 kg $\qquad$ 3. 1,5 kg $\qquad$ 4. 18,4 kg

5. 500 m $\qquad$ 6. 160 g $\qquad$ 7. 0,5 mm

XII. Prozentrechnungen

1. a) 0,55 V $\qquad$ 1,1 V $\qquad$ 4,9 V $\qquad$ 2,2 V $\qquad$ 30 V
   b) 0,835 V $\qquad$ 1,6 V $\qquad$ 2,85 V $\qquad$ 3,3 V $\qquad$ 45 V
   c) 1,38 V $\qquad$ 2,75 V $\qquad$ 4,75 V $\qquad$ 5,5 V $\qquad$ 75 V
   d) 2,75 V $\qquad$ 5,5 V $\qquad$ 9,5 V $\qquad$ 11 V $\qquad$ 150 V
   e) 5,28 V $\qquad$ 10,5 V $\qquad$ 18,24 V $\qquad$ 21,12 V $\qquad$ 288 V

2. 1,95% $\qquad$ 2,95% $\qquad$ 0,91% $\qquad$ 2,16%

3. 3,18% $\qquad$ 2,36% $\qquad$ 4,55% $\qquad$ 6,67%

4. 6,75% $\qquad$ 2% $\qquad$ 10% $\qquad$ 12,8 %

5. 78,72%

6. 72%

XIII. Übungsaufgaben

1. 0,87 $\qquad\qquad$ 5. 880 mm

2. 0,74 Ω $\qquad\qquad$ 6. 0,004 Ω

3. 2730000 Ω $\qquad$ 7. 5 cm²

4. 1125 kgm $\qquad\qquad$ 8. 1,5%

9. 0,7 mV

10. $U = \dfrac{N}{I \cdot \lambda \cdot 1,73}$

$I = \dfrac{N}{U \cdot \lambda \cdot 1,73}$

$\lambda = \dfrac{N}{U \cdot I \cdot 1,73}$

11. 14 Ω

12. 4,63 Ω

13. 1,14 A

14. 0,01539 mm²

15. 5 m

16. 36,7 Ω

17. 2,75 V

18. 14,1 PS

19. 13 dm²

20. 4,4 m/s

21. 0,5 mm

22. 0,04 W

23. 90 Ω

24. 70,4 kW

25. 0,00025 A

26. 300 Umdr./min

27. 90 PS

28. 0,396 kW

29. 2,8 Ω

30. 5,5 A

31. 0,313 S

32. 200 m

33. 1 kWh

34. 0,39 Ω

35. 2500000 Ω

36. 2½ Ω

37. $G = \dfrac{Q}{t \cdot c}$

$t = \dfrac{Q}{G \cdot c}$

$c = \dfrac{Q}{G \cdot t}$

38. 552 W

39. 4,5 kW

40. 523 m

41. 0,48 dm³

42. 740 kg

43. 31,25 S

44. Aluminium

45. a) 2,5 h

b) 4,2 h

c) 0,75 h

d) $\dfrac{1 \cdot 18}{60}$ h $= 0,3$ h

e) $\dfrac{1 \cdot 20}{60}$ h $= 0,33$ h

f) $\dfrac{1 \cdot 5}{60}$ h $= 0,083$ h

46.

a) $\dfrac{60 \cdot 25}{100}$ min $= 15$ min

b) $\dfrac{60 \cdot 8}{10}$ min $= 48$ min

c) 1 h $\dfrac{60 \cdot 35}{100}$ min

$= 1$ h 21 min

d) $\qquad 2 \text{ h } \dfrac{60 \cdot 8}{100} \text{ min}$

$\qquad = 2 \text{ h } 4,8 \text{ min}$

$\qquad = 2 \text{ h } 4 \text{ min } 48 \text{ s}$

e) $\qquad 4 \text{ h } \dfrac{60 \cdot 7}{10} \text{ min}$

$\qquad = 4 \text{ h } 42 \text{ min}$

f) $\qquad \dfrac{60 \cdot 952}{1000} \text{ min}$

$\qquad = 57 \text{ min } 7,2 \text{ s}$

47. 9,5 kWh

48. 550 mm

49. 1 h 40 min

50. 6,75 A

51. 0,086 dm³

52. 400 kgm/s

53. $U_v = \dfrac{2 \cdot \varrho}{F}(i_1 \cdot s_1 + ..)$

54. 8,4 Ω

55. 1,53 $\mathscr{M}$

56. 1 m

57. 5,41 kA

58. 380 V

59. 1,9 PS

60. 2,2 kW

61. 0,00025 A

62. 25 m

63. 6,6 h

64. 14 $\mathscr{M}$

65. 11 A

66. a) 1000 Ω

    b) 238 Ω

67. 91 g

68 3 h 45 min

69. 15,6 Ω

70. 1,75 Ω

71. 0,1 V

72. 1709/min

73. 220 V

74. 1,5%

75. 0,84

Erläuterungen

zu den

Sicherheits-Vorschriften

des

Verbandes Deutscher Elektrotechniker.

Im Auftrage des Vorstandes herausgegeben

von

Dr. C. L. Weber,

Kaiserlicher Regierungsrath.

Berlin.   1896.   **München.**
Julius Springer.   R. Oldenbourg.

Vorwort.

Vom Vorstande des Verbandes Deutscher Elektrotechniker mit der Abfassung von Erläuterungen zu den von dem genannten Verbande aufgestellten Sicherheitsvorschriften beauftragt, habe ich denselben zunächst den Inhalt der Berathungen zu Grunde gelegt, aus welchen die Vorschriften selbst hervorgegangen sind. Diese Berathungen sind in der Zeit von Anfang des Jahres 1894 bis gegen Ende des Jahres 1895 theils vom technischen Ausschusse des elektrotechnischen Vereins, theils von einer durch den Verband deutscher Elektrotechniker eingesetzten Kommission in sehr umfassender und gründlicher Weise gepflogen worden. Die Kommission war aus Vertretern der kaiserlichen Post- und Telegraphenverwaltung sowie der physikalisch-technischen Reichsanstalt und den Delegirten der bedeutendsten elektrotechnischen Vereine, und städtischer Elektricitätswerke zusammengesetzt. Die hervorragendsten Firmen waren durch Mitglieder der Kommission vertreten. Da es

mir möglich gewesen war, an den Verhandlungen
ausnahmslos Theil zu nehmen, so glaube ich das
Wesen und den Zweck der Vorschriften im Sinne
ihrer Urheber zum Ausdruck gebracht zu haben.

In Bezug auf technische Einzelheiten habe ich
mich auf die praktischen Erfahrungen und Beobach-
tungen gestützt, zu denen mir eine mehrjährige
Thätigkeit als Direktor der elektrotechnischen Ver-
suchsstation München reichliche Gelegenheit geboten
hat. Eine Reihe von Anregungen und Ergänzungen
habe ich der Besprechung mit befreundeten Fachge-
nossen zu verdanken; insbesondere haben mich die
Herren G. Kapp, Dr. Passavant und Ph. Seubel in
dankenswerther Weise unterstützt.

Berlin, April 1896.

Der Verfasser.